Hans-Bernhard Schönborn

DIE KROKODILE

Elektroloks von SBB, ÖBB, RhB und DB

transpress

Einbandgestaltung: Sven Rauert
Titelbild: Sammlung Schönborn

Bildnachweis:
Die Autoren der zur Illustration diese Buches verwendeten Aufnahmen stehen bei jedem Bild in der Bildunterschrift.

ISBN 978-3-613-71767-1

1. Auflage 2025 (zuvor bereits 2014 erschienen
unter der ISBN 978-3-613-71481-3)

Sie finden uns im Internet unter **www.transpress.de**

Dieses Buch erschien erstmals im Jahr 2014. Leider verstarb sein Autor Dr. Hans-Bernhard Schönborn, ein ausgewiesener Kenner der Schweizer Eisenbahnen, im Jahr 2023. Für die vorliegende Neuauflage wurde das Buch redaktionell überarbeitet und wo notwendig aktualisiert.

Lektor: Hartmut Lange
Innengestaltung: Kornelia Erlewein
Repro: Medien und Printprodukte, 74321 Bietigheim-Bissingen
Druck und Bindung: DZS GRAFIK d.o.o,1210 Ljubljana, Slovenia
Printed in Slovenia

VORWORT

Die Frage, weshalb die Ce (Be) 68 II und III der SBB und weitere Fahrzeuge der gleichen bzw. ähnlichen Bauart bei anderen Bahngesellschaften »Krokodile« genannt werden, ist gar nicht so einfach zu beantworten: Doch es fällt auf, dass zahlreiche Eisenbahn-Fahrzeuge tierische Spitznamen trugen, da gab es »Elefanten«, »Tigerli«, »Wiesel«, »Eselchen«, »Eisenschweine« und vieles mehr, und in neuerer Zeit besitzt eine Bahn »Spatzen«, »Finken« und »Adler«. Außerdem wird seit der Frühzeit der Dampflokomotiven von »Dampfrössern« gesprochen, und in der Tat waren ja die »Vorgänger« von Lokomotiven Pferde, die Wagen über Schienen zogen. Vielleicht liegt also in dieser Tatsache der Hang zu tierischen Spitznamen – neben vielen anderen – begründet.

Vergleicht man die Bauart eines »Krokodils«, nämlich zwei niedrige, bewegliche Vorbauten und einen mittig angeordneten, etwas breiteren und natürlich höheren Lokomotivkasten, mit dem Körperbau eines Krokodils, längere Schnauze, Körper und ein Schwanz, der etwa gleich lang wie die Schnauze ist, dann ist das Bild stimmig. Die kraftvollen Beine lassen sich gut mit dem »kraftvoll« wirkenden Stangenantrieb der Lokomotiven vergleichen. Schließlich tauchen die braunen oder grünen »Krokodile« mit »leuchtenden Augen« aus dem Nichts, einem Tunnel, auf, »kriechen« gemächlich an einem Schweizer See vorbei oder bewegen sich gelenkig durch Kurven, um bald im nächsten Tunnel oder einem Waldstück zu verschwinden.

Auch eine zweite Frage, wo die Bezeichnung »Krokodil« eigentlich herkommt, ist – wie bei zunächst mündlichen Überlieferungen – nicht einfach zu beantworten: Es sieht danach aus, dass sich der Spitzname erst nach dem Zweiten Weltkrieg einbürgerte, denn in dem 1945 erschienenen Buch »Unsere Lokomotiven« von Markus Hauri kommt er noch nicht vor, und in dem zwei Jahre später erschienenen Werk »Dampfrossromantik am Gotthard« wird der Spitzname zwar erwähnt, aber nur für eine russische Dampflokomotive. Doch wurde nachweislich das von Märklin herausgebrachte Modell als »Krokodil« bezeichnet und natürlich die folgenden Modelle gleichfalls. Scheinbar wurde also die Bezeichnung zunächst gar nicht für das Vorbild, sondern das Modell benutzt und danach an das Vorbild herangetragen – vielleicht aus werbestrategischen Überlegungen, denn »Krokodil« ist einprägsamer als »Ce 6/8 II«.

Und nun zum schwierigsten Punkt, der Definition eines »Krokodils«, denn hier gibt es – wie heute fast überall – »Fundis« und »Realos«: Abgeleitet von den Ce (Be) 6/8 II und III kommt man zu der Definition, dass es sich um ein dreiteiliges Fahrzeug handelt mit zwei niedrigen Vorbauten, mit denen der Antrieb fest verbunden ist und auf denen der Lokomotivkasten beweglich ruht. Der Antrieb erfolgt über Stangen, vorzugsweise den Winterthurer Schrägstangenantrieb. Aber jetzt wird es schwierig, denn das »Bernina-Krokodil« besitzt einen Einzelachsantrieb. Und die »Seetal-Krokodile« weisen zwar die baulichen Merkmale auf, aber ihnen wird das Attribut »Krokodil« bisweilen abgesprochen, weil es sich eher um zwei zusammengebaute Rangierlokomotiven handelt. Die Ge 6/6 I der Rhätischen Bahn werden nur von Fans »Krokodile« genannt, Bahn-intern spricht man von »C-C«. Schließlich gibt es Fahrzeuge, die zwei kleine Vorbauten und einen Lokomotivkasten haben, aber auf einer durchgehenden Brücke; ihnen wird der Titel »Zahnrad-Krokodile« auch gerne einmal aberkannt. Zudem existiert ein Fahrzeug, das auf einer durchgehenden Brücke aufgebaut ist, bei dem auf den Seitenwänden farbige Krokodile aufgeklebt wurden, um zu zeigen, was das Fahrzeug sein soll.

Ich plädiere also im Folgenden für eine umfängliche Interpretation der Bezeichnung.

Zum Schluss möchte ich denjenigen ganz herzlich danken, die mich bei meiner Arbeit unterstützt haben, vor allem Herrn Dipl.-Ing. Herbert Stemmler, der mir nicht nur zahlreiche Bilder zur Verfügung stellte, sondern auch sein Archiv mit technischen Informationen und Unterlagen wie Typenskizzen öffnete. Größere Bildbeiträge kamen von Dr.-Ing. Dietmar Beckmann, Dr. Erich Charwat, Tibert Keller, Detlef Klein, Regine Meier, Dr. Markus Strässle, der mir auch weitere Informationen zur Verfügung stellte, André von Arx, Carl Waldis, dem Gotthard-Kenner, und Bernhard Willen, weitere Bilder von Jürg Aeschlimann, Robert Angerhausen, Roland Beier, Peter Berger, Otto Blaschke, Nanning Brüshaber, Hans Furgler, Harald O. Kindermann, Jürgen Krantz, Bernhard Ledermann, Hannes Ortlieb, Jürgen Ranger, Cyrill Seifert, Chris Walker, Daniel Wipf und Rolf Wymann. Ihnen allen sei herzlich gedankt, auch den Mediensprecherinnen und -sprechern bzw. Mitarbeitenden von AB, BLS, MGBahn, RBS und RhB, die mir Fotos aus den Archiven zur Verfügung stellten oder ein Fahrzeug zum Fotografieren ins richtige Licht rückten.

Hans-Bernhard Schönborn

INHALT

Ce 6/8 II 14253 war am 13. Juni 2011 mit dem Personenwagen C4 3105 und zwei Flachwagen auf einer Extrafahrt als »Güterzug mit Personenbeförderung« auf der Gott-hard-Südrampe bei Giornico Dorf unterwegs.
Foto: Carl Waldis

1 DIE GOTTHARD-KROKODILE

1.1 Kurze Eisenbahn-Geschichte der Schweiz

Die Geschichte der Eisenbahn in der Schweiz war seit den Zwanzigerjahren des 19. Jahrhunderts eine Geschichte von Planungen, welche die damals noch souveränen Kantone oder Privatpersonen aus Wirtschaft und Industrie zwar bis zu einem fortgeschrittenen Stadium vorantrieben, die aber aufgrund der mangelnden politischen Stabilität und der Uneinigkeit der Kantone nicht realisiert wurden. Und so dampfte erst am 7. August 1847 – also viel später als in anderen europäischen Ländern – der Eröffnungszug zwischen Zürich und Baden, die legendäre »Spanisch-Brötli-Bahn«. Drei Jahre zuvor, am 15. Juni 1844, hatte die französische »Chemin de fer de Strasbourg à Bâle« (StB), von Saint-Louis an der Schweizer Grenze kommend, die Stadtmauern von Basel erreicht, wo sie zunächst in einem provisorischen

Am 8. April 1957 bestand ein Lokzug in Richtung Biasca aus der Be 6/8 II 13261, der Ee 3/3 16318, »Bügeleisen« oder »Halbschuh« genannt, deren technischer Einfluss auf das »Seetal-Krokodil« nicht zu übersehen ist, und der Dampflok B 3/4 1358. **Foto: Sammlung Carl Waldis**

Bahnhof endete. Das heftig umstrittene Stationsgebäude auf dem Schällenmätteli innerhalb der Stadtmauern konnte erst am 11. Dezember 1845 eingeweiht werden.

Das Eisenbahngesetz von 1852 schrieb fest, dass Eisenbahnen von den Kantonen oder von Privatpersonen gebaut und betrieben werden konnten, und fünf Jahre später umfasste das Eisenbahnnetz bereits mehr als 1000 Kilometer. Recht bald entbrannte ein erbitterter Konkurrenzkampf zwischen den entstandenen Privatbahngesellschaften, auch wurde die Bahn zum Spielball politischer Interessen, und 1878 ging die »Schweizerische Nationalbahn« in Konkurs. Dieses Ereignis führte zu einem Meinungsumschwung, und am 20. Februar 1898 gab das Schweizer Volk in einer Abstimmung grünes Licht zu der Verstaatlichung von vier großen Privatbahnen (Schweizerische Centralbahn, Schweizerische Nordostbahn, Vereinigte Schweizerbahnen und Jura–Simplon-Bahn, die nicht weniger als 20 Vorgängergesellschaften hatte) und der Gründung der Schweizerischen Bundesbahnen (SBB / CFF / FFS) im Jahre 1902. 1909 kam noch die Gotthardbahn-Gesellschaft (GB) hinzu, die 1882 nach jahrzehntelangen, heftigen Streitereien über die auch wirtschaftlich bedeutsame alpenquerende Streckenführung die von den Nachbarländern unterstützte Gotthard-Linie eröffnet hatte. Das SBB-Netz war nun rund 2700 Kilometer lang, was ungefähr dem heutigen Umfang entspricht. Um die Jahrhundertwende wurden zahlreiche, oft schmalspurige Privatbahnen gebaut, die Seitentäler und touristische Gebiete erschlossen.

Da die Schweiz von Kohle-Importen abhängig war, was vor allem in den beiden Weltkriegen zu erheblichen Engpässen im Eisenbahnbetrieb führen sollte, wurde die bereits früh begonnene Elektrifizierung auch dank staatlicher Förderung zügig ausgebaut, so dass heute fast das ganze Schweizer Streckennetz eine Fahrleitung besitzt. Nach dem Zweiten Weltkrieg führte die zunehmende Konkurrenz durch den Straßenverkehr zur Stilllegung einiger Strecken, doch war diese Stilllegungswelle erheblich kleiner als in anderen Ländern.

Als erste neue Strecke nach dem Zweiten Weltkrieg wurde 1975 die Heitersberglinie eröffnet, und die Einführung des Taktfahrplans 1982 bedeutete einen Quantensprung im Schweizer Eisenbahnwesen, der aber auch Auswirkungen auf die Zugförderung hatte.

Die »S-Bahn Zürich« und die schrittweise aufgebauten anderen S-Bahnnetze machten den öffentlichen Verkehr noch attraktiver. 2004 wurde die mit 200 km/h befahrbare

Neubaustrecke Mattstetten – Rothrist, das Kernstück im Konzept »Bahn 2000« fertig gestellt, und 2007 folgte der Lötschberg-Basistunnel. Ab 2014 geht die »Durchmesserlinie Altstetten – Zürich HB – Oerlikon« mit dem Fernverkehrstiefbahnhof Löwenstraße in Betrieb, und der Gotthard-Basistunnel soll 2016 eröffnet werden, mittelfristige Ausbaumaßnahmen sind im Projekt »Zukünftige Entwicklung der Bahninfrastruktur« zusammengefasst.

1.2 Erste Schritte zur Elektrifizierung

1888 wurde in der Schweiz die erste elektrische Bahnstrecke eröffnet, die meterspurige »Tramway Vevey–Montreux–Chillon« (VMC), die mit 500 V Gleichstrom und einer Schlitzrohrfahrleitung elektrifiziert war und bis 1958 existierte. 1891 folgten die ebenfalls schmalspurige Sissach–Gelterkinden-Bahn und die Bergbahn Lauterbrunnen–Mürren (BLM). Ab 1894 verkehrte auch die normalspurige Chemin de fer Orbe–Chavornay (OC) mit Gleichstrom, während die 1899 eröffnete Burgdorf–Thun-Bahn (BTB) als erste Vollbahn Europas unter einer zweipoligen Oberleitung mit Drehstrom von 750 V 40 Hz verkehrte. Den 1906 eröffneten Simplontunnel I, den damals mit 19,8 Kilometern längsten Tunnel der Welt, elektrifizierte Brown, Boveri & Cie. (BBC) auf eigene Rechnung und eigenes Risiko mit dem in Italien ab 1904 eingeführten Drehstromsystem von 3300 V 16 2/3 Hz mit zwei Oberleitungsdrähten und dem Gleis als drittem Leiter. Mangels eigener Entwicklungen lieh sich BBC drei Lokomotiven RA 361–363 der Veltlinbahn aus. Zwischen 1905 und 1909 fanden unter der Federführung der Maschinenfabrik Oerlikon (MFO) Versuchsfahrten auf dem Streckenabschnitt Seebach – Affoltern, der 1907 bis Wettingen verlängert wurde, zunächst mit Einphasenwechselstrom von 15 kV 50 Hz, später von 15 kV 15 Hz statt. Aus Kostengründen – der elektrische Betrieb war teurer als der Einsatz von Dampflokomotiven – wurden die Versuchsfahrten auf Wunsch der SBB eingestellt, die elektrischen Anlagen abgebrochen und die Dampftraktion wieder eingeführt.

Für eine kontinuierliche Stromversorgung wurden zunächst beide Stromabnehmer gehoben wie bei der Ce 6/8 II 14261 mit einem internationalen Schnellzug in Göschenen um 1925. Hinter der Lok ist ein Dampf-Heizwagen eingereiht. Foto: Sammlung Carl Waldis

In technischer Hinsicht ist die Ce 6/6 121 der BLS, die 1928 an die Bern–Neuenburg-Bahn (BN) verkauft wurde, eine Vorläuferin der »Krokodile«.
Foto: Archiv BLS AG

1.3 Die Urahnin: F 2 x 3/3 (Ce 6/6) 121 der BLS

Als am 27. Juli 1906 für den Bau der Lötschberg-Strecke die »Berner Alpenbahngesellschaft Bern–Lötschberg–Simplon« (BLS) gegründet wurde, erhielt sie die Auflage, die bereits seit dem 24. Juli 1901 verkehrende Spiez–Frutigen-Bahn (SFB) zu übernehmen. Um Erfahrungen mit der elektrischen Traktion sammeln zu können und Klarheit zu erhalten, welche Art von Lokomotiven für die Bergstrecke beschafft werden sollte, beschloss die Direktion der BLS im Winter 1907/08, die SFB-Strecke unverzüglich zu elektrifizieren. Im Frühjahr 1908 fiel zunächst die Entscheidung, Einphasenwechselstrom von 15 kV 15 Hz zu verwenden, als aber 1913 die Bahn-Verwaltungen von Preußen, Bayern und Baden sich auf 16 2/3 Hz festlegten, wurden die Anlagen bei der BLS entsprechend angepasst.

Für den Probebetrieb bestellte die BLS fünf Fahrzeuge, die Lokomotiven F 2 x 2/3 101 (Krauss / AEG), F 2 x 3/3 121 (SLM / MFO) und drei Triebwagen Ce 2/4. Trotz der hervorragenden Laufeigenschaften in Kurven waren die Mängel bei der AEG-Lokomotive so groß, dass diese nach vier Monaten wieder nach Berlin zum Umbau zurückgeschickt wurde, allerdings nicht mehr in die Schweiz zurückkehrte. Die von SLM und MFO im Juli 1910 gelieferte Lokomotive F 2 x 3/3 121 hingegen erfüllte die Erwartungen, wurde nach der Erprobung übernommen und war die erste normalspurige Wechselstrom-Maschine der Schweiz, die wegen ihrer Leistung und Geschwindigkeit auf einer steigungsreichen Normalspurstrecke zum Einsatz kommen konnte. Denn das von der BLS erstellte Pflichtenheft sah vor, dass auf einer Steigung von 27 Promille mit einer Anhängelast von 310 Tonnen und auf 15,5 Promille mit 500 Tonnen während einer

Von der Ce 6/6 121 der BLS / BN blieb nur das Triebdrehgestell 2 erhalten, das im Verkehrshaus der Schweiz in Luzern ausgestellt ist. Foto: H.-B. Schönborn

Stunde mit 42 km/h gefahren werden sollte, dass ein minimaler Kurvenradius von 180 Metern problemlos durchfahren werden sollte und dass der maximale Achsdruck 15 Tonnen nicht übersteigen durfte. Diese Werte wurden eingehalten bzw. bei Lastprobefahrten erbracht.

Das Fahrzeug bestand aus zwei dreiachsigen Drehgestellen sowie dem Wagenkasten mit den beiden Führerständen und dem Maschinenraum. Die Zug- und Stoßvorrichtungen waren an den Drehgestellen angebracht, zwischen denen es einen kräftigen, tiefliegenden Längsträger gab, so dass der selbsttragende Wagenkasten von Zug- und Stoßkräften entkoppelt war. Es handelte sich also um eine Mischform aus Rahmen- und Drehgestell-Lokomotive, weshalb die ursprüngliche Bezeichnung auch »2 x 3/3« lautete, die von den Gelenk-Dampflokomotiven mit der Achsfolge (C)(C) übernommen wurde. Jedes Drehgestell verfügte über einen zwölfpoligen, kompensierten Reihenschlussmotor, und der Winterthurer Schrägstangenantrieb trieb über eine Blindwelle und Kuppelstangen die drei Achsen an. Von dem Gesamtgewicht entfielen 42 Tonnen auf die elektrische und 44 Tonnen auf die mechanische Ausrüstung. Die Lokomotive besaß zwei künstlich belüftete Transformatoren mit einer Dauerleistung von 1000 kVA und konnte mit parallel geschalteten Transformatoren unter 7,5 kV, mit seriell geschalteten unter 15 kV fahren.

Die Höchstgeschwindigkeit wurde nachträglich auf 60 km/h beschränkt, auch wenn bei Probefahrten 70 m/h erreicht wurden, weil bei höheren Geschwindigkeiten die Kurvenbeweglichkeit ab- und der Eigenwiderstand zunahm. Dieser Schwachpunkt in der Konstruktion wurde auf das Fehlen einer beweglichen, führenden Laufachse zurückgeführt.

Die Ce 6/6 121 war bis 1968 im regulären Zugdienst anzutreffen, allerdings seit 1924 nicht mehr auf der Bergstrecke, sondern auf flacheren Linien, so ab 1920 zwischen Thun und Interlaken. 1928 kam sie zur von der BLS mitbetriebenen Bern–Neuenburg-Bahn (BN) und führte dort vor allem Güterzüge. Ihre letzte Fahrt unternahm sie – zusammen mit dem Oberbaumesswagen der SBB – von Spiez nach Brig. Am 10. Juli 1968 erfolgte die Ausrangierung und bald darauf die Verschrottung, nachdem die Lokomotive in 57 Dienstjahren knapp 1,7 Millionen Kilometer zurückgelegt hatte. Vollständig erhalten blieb das Drehgestell 2, das dem Verkehrshaus der Schweiz in Luzern (VHS) übergeben wurde und seinen Platz in der Dauerausstellung in der Schienenhalle nahe dem SBB- und RhB-»Krokodil« hat.

Die wichtigsten technischen Daten der Ce 6/8 II und ihrer Vorläufer			
Typenbezeichnung	F 2x3/3 (Ce 6/6)	Ce 6/8 I	Ce 6/8 II
Eigentümer	BLS (BN)	SBB	SBB
Betriebsnummern	121	14201 (12201)	14251–14283
Indienststellung	1910	1919	1919–1922
Stückzahl	1	1	33
Achsfolge	(C)(C)	(1´C)(C1´)	1´C + C1´
Spurweite	1435 mm	1435 mm	1435 mm
Länge über Puffer	15020 mm	19250 mm	19400 mm
Höhe mit gesenktem Stromabnehmer	3740 mm (1)	4560 mm	4500 mm
Anzahl Treibachsen	sechs	sechs	sechs
Treibrad-Durchmesser (neu)	1350 mm	1350 mm	1350 mm
Anzahl Laufachsen	--	zwei	zwei
Laufrad-Durchmesser (neu)	--	850 mm	950 mm
Übersetzung der Zahnradgetriebe	1 : 3,25	1 : 3,24	1 : 4,03
Antriebsart Fahrmotor–Treibachse	Schrägstangenantrieb	flacher Schrägstangenantrieb	dreieckiger Kuppelrahmen
Dienstmasse	86 t	117,6 t (2)	128 t
Stromspannung	15 kV / 16,7 Hz	15 kV / 16,7 Hz	15 kV / 16,7 Hz
Anzahl Fahrmotoren	zwei	vier	vier
Stundenleistung am Rad	1471 kW	1743 kW	1647 kW
bei	48 km/h	41 km/h	36 km/h
Stundenzugkraft am Rad	13 t	15,6 t	16,8 t
Höchstgeschwindigkeit	70 km/h (3)	65 km/h	65 km/h
Maximale Anhängelast			
bei 100 Promille	500 t (42 km/h)	1200 t (35 km/h)	1200 t (40 km/h)
bei 260 Promille	310 t (42 km/h)	450 t (35 km/h)	450 t (30 km/h)
Fern- / Vielfachsteuerung	keine	keine	keine
Bremsen	mechanische Klotzbremse	Nutzstrom (ab 1921)	Nutzstrom

Anmerkung:
(1) Höhe bis Dachoberkante
(2) 126,8 t nach Einbau der elektrischen Nutzstrombremse
(3) Nachträglich auf 60 km/h beschränkt wegen nicht ausreichender Kurvenbeweglichkeit bei hohen Geschwindigkeiten

1.4 Die Probelokomotive: Ce 6/8 I 14201 der SBB

Obwohl also mehrjährige Betriebserfahrungen z. B. mit der Ce 6/6 121 der BLS vorlagen, bestellten die SBB im Juni 1917 vier Probelokomotiven, neben den Fb 2 x 2/3 11301 und 11302 (später: Be 4/6 12301 und 12302) für schwere Reisezüge sowie der für den leichten Personenverkehr bestimmten Fb 3/5 11201 (später: Be 3/5 12201) die Güterzug-Lokomotive Fc 2 x 3/4 12201 (ab 1920: Ce 6/8 I 14201), um auf der Gotthard-Strecke Erfahrungen für die Serienbestellungen zu sammeln. Offensichtlich konnten oder wollten die SBB nicht von den Erkenntnissen einer kantonalen Bahngesellschaft, aber auch Konkurrentin profitieren. Beachtenswert ist ebenfalls, dass die Entwicklung bei den Güterzuglokomotiven Ce 6/8 II, den »Krokodilen«, ganz anders verlief, so dass die Ce 6/8 I 14201 nicht als »Prototyp« für die Ce 6/8 II bezeichnet werden darf, zumal sie ihren Betrieb erst nach den ersten Ce 6/8 II aufnahm.

Ein 1918 bei MFO entstandenes Werksfoto zeigt die Ce 6/8 I 14201 ohne Seitenwände, aber mit den Kühlrohren, auch die paarweise angeordneten Fahrmotoren sind zu erkennen.
Foto: Sammlung Carl Waldis

Die »Großmutter« Ce 6/8 I 14201 führt einen Güterzug in Richtung Gotthard. Deutlich ist der Winterthurer Schrägstangenantrieb zu sehen. Foto: Sammlung Carl Waldis

Im tannengrünen Gewand war Ce 6/8 I 14201 in den Fünfzigerjahren auch als Alleinfahrerin im Raum Zürich unterwegs.
Foto: Carl Waldis

Das Pflichtenheft verlangte von der Ce 6/8 I 14201 Folgendes: maximale Achslast von 18 Tonnen, nach der Anpassung der Infrastruktur von 20 Tonnen, Beförderung einer Anhängelast von 430 Tonnen auf einer Steigung von 26 Promille, sicheres Anfahren dieser Last und Beschleunigung auf 35 km/h innerhalb von vier Minuten, zwei Hin- und Rückfahrten Arth-Goldau – Chiasso – Arth-Goldau (780 Kilometer) innerhalb von 28 Stunden, elektrische Bremse zum Abbremsen des Lokomotivgewichts im Gefälle, Überlastung um 20 Prozent während 15 Minuten ohne Schäden.

Ursprünglich wurde die Ce 6/8 I als laufachslose Maschine mit zwei dreiachsigen Triebdrehgestellen geplant, aber so konnten die Gewichtslimite des Pflichtenheftes nicht eingehalten werden. Also verlängerte man die Drehgestellrahmen, um Raum für je eine seitenbewegliche Laufachse, konstruiert als »Adamsachse«, zu schaffen, was die Achsfolge (1´C) (C1´) ergab. So betrug die Achslast trotz einer recht massiven Gestaltung der Lokomotive nur knapp 15 Tonnen. Auf die Drehgestellrahmen wurden außen je zwei kofferähnliche Vorbauten mit einem Durchgang und einem Übergangsblech montiert, was der Maschine den Spitznamen »Köfferli-Lok« eintrug. Die Puffer und Zughaken waren an den Drehgestellen angebracht, die ihrerseits mit einer gefederten Kupplung (ähnlich den Tenderkupplungen bei den Dampflokomotiven) verbunden waren, so dass der Lokomotivkasten, der fast baugleich mit demjenigen der Be 4/6 12302 war und an jedem Ende einen Führerstand hatte, keine Zug- und Stoßkräfte übertrug. Zwischen der zweiten und dritten Treibachse waren in jedem Drehgestell zwei Fahrmotoren eingebaut, die mittels gefederter Ritzel das gemeinsame Großzahnrad auf der Vorgelegewelle antrieben. Von dort erfolgte die Übertragung mit Hilfe des Winterthurer Schrägstangenantriebs auf die Kuppelstange zwischen der ersten und zweiten Treibachse, die mit einer weiteren Kuppelstange die Antriebskraft auch auf die dritte Achse übertrug.

Während die Laufachsen ungebremst waren, wirkten die automatische Westinghouse- und die Regulierbremse jeweils auf die Treibachsen eines Drehgestells. In jedem Führerstand gab es eine Handbremse für das jeweilige Drehgestell. Bereits 1920 wurde eine sehr leistungsfähige Rekuperationsbremse installiert, die aber aufgrund ihres komplizierten Aufbaus und der dadurch schwierigen Bedienung zu gewaltigen Überschlägen führte. Nach mehreren HauptschalterExplosionen wurde die Anlage 1931 wieder ausgebaut.

In der Mitte des Lokomotivkastens befand sich der ölgekühlte Transformator, wobei eine mit den Fahrmotoren parallelgeschaltete Ölpumpe das Kühlöl durch die außen am Kasten angebrachten Rohre presste, wo es der Fahrtwind kühlte. Diese Anordnung gab der Ce 6/8 I sowie der Be 4/6 12302 und den späteren Be 4/6 12303–12342 das unverwechselbare Aussehen. Ein Flachbahn-Stufenschalter, der die 18 Anzapfungen auf der Niederspannungsseite des Transformators abgriff, regelte die Spannung, so dass den in Serie geschalteten Fahrmotoren 230 V bis 1300 V zugeführt werden konnten.

Die Lokomotive, die auch die Spitznamen »Schlotterbeck« und »Großmutter« erhielt, wurde am 7. Juli 1919 von SLM und MFO als Fc 2 x 3/4 12201 abgeliefert und zunächst dem Depot Bern zugeteilt, weil am Gotthard noch kein elektrischer Betrieb möglich war. Die Inbetriebsetzung dauerte bis Dezember 1919, so dass die Ce 6/8 I eine Woche nach dem ersten »Krokodil« Ce 6/8 II im Planeinsatz erschien, wobei sie Güter- und Personenzüge zwischen Bern und Spiez führte. Im März 1921 wurde sie an den Gotthard zuerst nach Erstfeld, ab 1925 nach Biasca versetzt, von wo aus sie Vorspanndienste auf der Südrampe bis Airolo leistete. Nach dem Ausbau der Rekuperationsbremse kam sie 1931 wieder nach Erstfeld und 1939 nach Basel. 1961 wurden zwei Fahrmotoren schwer beschädigt, da aber die Schweizerische Landesausstellung »Expo 64« mit höherem Verkehrsaufkommen bevorstand, wurden zunächst die defekten Motoren neu gewickelt, anschließend die beiden anderen revidiert. In dieser Zeit war die Lok mit Ballastgewichten im Tessin unterwegs. Am Schluss ihrer Karriere, in der sie 2,5 Millionen Kilometer zurücklegte, wurde sie als Bremsversuchslokomotive benutzt, 1982 ausrangiert und dem VHS übergeben. Heute gehört sie SBB Historic und hat ihren Standort in Erstfeld.

Da die Schweizer Eisenbahn-Industrie mit den »Krokodilen« in technischer Hinsicht andere Wege eingeschlagen hatte, gab es außer der Rekuperationsbremse und der Bestätigung, dass ein so langer Lokomotivkasten für kurvenreiche Strecken wenig sinnvoll ist, kaum mehr etwas zu erproben. Doch das konnte man bei der Bestellung nicht wissen, zumal die Weiterentwicklung im technischen Bereich rasant war.

Im Jahre 1919 wurde in der Montagehalle von MFO bei der Ce 6/8 II 12251 der fertige Kasten mit dem Transformator und den Führerständen auf die Triebdrehgestelle gesetzt. Die ersten drei Lokomotiven trugen zunächst die ursprünglich vorgesehenen Nummern 12251–12253. Foto: Sammlung Carl Waldis

1.5 Die erste Generation von »Krokodilen«: Ce 6/8 II 14251–14283

Obwohl noch keine Erkenntnisse aus dem Betrieb der Probelokomotiven vorlagen, bestellten die SBB im Mai 1918, also zehn Monate vor der Ablieferung der Probelokomotiven, die Gebirgs-Reisezuglokomotiven Fb 2 x 2/3 11303–312 (später: Be 4/6 12303–312) und Be 4/7 12501–506 sowie die schweren Gebirgs-Güterzuglokomotiven Fc 2 x 3/4 12251–260 (später: Ce 6/8 II 14251–260), denn die Elektrifizierung der Gotthard-Strecke sollte 1920 fertig sein. Im Juli 1919 folgte eine Anschlussbestellung für die Ce 6/8 II 14261–270, die man wenig später um die 14271–273 ergänzte. 1920 wurden schließlich

Das Werksfoto vom 2. April 1925 zeigt die Ce 6/8 III 14306 ohne Abdeckung des Vorbaus auf der Schiebebühne bei MFO, so dass das Motorenpaar gut zu sehen ist. Foto: Sammlung Carl Waldis

Aufgesetzte Schilder mit Betriebsnummer und Herstellern sowie aufgemalte Typenbezeichnung an Be 6/8 II 13257 Foto: Erich Charwat

Führerstand der Be 6/8 II 13257 im Südbahn-Museum Mürzzuschlag am 19. Oktober 2013 Foto: Erich Charwat

Blick in den Vorbau der Be 6/8 II 13257 mit einem der beiden Motoren Foto: Erich Charwat

Triebdrehgestell der Ce 6/8 II 14282 am 14. Juli 2013 im Technik-Museum Sinsheim, das zwar niemals rot angemalt war, aber sehr »übersichtlich« den Dreiecksrahmen und die Kuppelstangen zeigt. Foto: H.-B. Schönborn

die 14274–283 nachbestellt, so dass die Serie insgesamt 33 Fahrzeuge umfasste.

Für die Ce 6/8 II schlugen SLM und MFO eine völlige Neukonstruktion vor, weil mit der Anordnung eines langen Lokomotivkastens über zwei Drehgestellen (1´C) (C1´) und dem Winterthurer Schrägstangenantrieb bei der Ce 6/8 I (kinematische) Probleme befürchtet wurden. Die Industrie empfahl den SBB in Anlehnung an die Garratt-Dampflokomotiven ein dreiteiliges Fahrzeug mit zwei schmalen, niedrigen, gelenkig miteinander verbundenen Vorbauten und einem dazwischen liegenden Lokomotivkasten mit normaler Breite, die Achsfolge 1´C+C1´ sowie einen Antrieb mit einem Dreieckrahmen und Kuppelstangen. Die SBB folgten den Empfehlungen, und so entstand die Lokomotive, die aufgrund ihrer Gelenkigkeit, ihres Aussehens, ihrer Eleganz und Kraft nicht zu Unrecht den Spitznamen »Krokodil« trägt.

Die SBB verlangten in ihrem Pflichtenheft, dass die ersten in Serie gebauten Elloks in der Lage sein müssten,

- die Strecke Arth-Goldau – Chiasso – Arth-Goldau zweimal (780 km) innerhalb von 28 Stunden bei einer Standzeit von jeweils 15 Minuten in den Endbahnhöfen mit einer Anhängelast von 860 Tonnen zurückzulegen, wobei auf Steigungen von mehr als 10 Promille eine Schiebelokomotive eingesetzt werden konnte,
- auf der Strecke Bellinzona – Chiasso eine Anhängelast von 625 Tonnen in Einfachtraktion zu befördern, wobei die elektrischen Teile während jedem Einsatz und über die ganze Dauer die Werte der einschlägigen Bestimmun-

gen der amerikanischen Normen nicht überschreiten dürften,

- auf einer 26-Promille-Rampe bei 35 km/h 430 Tonnen und bei 50 km/h 300 Tonnen Anhängelast in Einzeltraktion zu befördern, wobei die gewünschte Geschwindigkeit nach höchstens vier Minuten erreicht werden sollte,
- auf einer 10-Promille-Steigung bei 65 km/h 300 Tonnen zu befördern, was im Bedarfsfall das Führen von Reisezügen ermöglichte,
- auf den 26-Promille-Rampen während 15 Minuten 20 Prozent Mehrleistung ohne Schäden zu erbringen.

Außerdem mussten die Fahrzeuge über eine elektrische Nutzstrombremse, die so genannte »Rekuperationsbremse«, verfügen.

Magnete für das Zugsicherungssystem Integra-Signum an dem »Rangier-Krokodil« Ce 6/8 II 14267 am 20. Juli 2013 im Technik-Museum Speyer Foto: H.-B. Schönborn

Der von SLM gefertigte mechanische Teil setzte sich zusammen aus den beiden Vorbauten, die mit dem jeweiligen Triebgestell, bestehend aus den mit Stangen gekuppelten Treibachsen und einer Laufachse in einem Bisselgestell, fest verbunden waren, und dem robust konstruierten, 5500 mm langen Kasten in der Mitte, der sich mittels kugelförmiger Drehpfannen und federnder Druckstützen auf die Triebgestelle abstützte. Damit keine Zug- oder Druckkräfte auf den Hauptrahmen übertragen wurden, war die eine Drehpfanne im Verbindungsträger des Gestells fixiert, und die andere ließ sich in der Längsrichtung verschieben. Die Zug- und Stoßkräfte wurden von den Treibachsen auf die Rahmen der Vorbauten, von dort auf die Zughaken und Puffer und schließlich über eine robuste, blattgefederte Kurzkupplung von einem Triebgestell auf das andere geleitet. Diese Kupplung wirkte zudem als Querkupplung und verbesserte so das Einlaufen des nachfolgenden Triebgestells in Kurven. Um die Kurvengängigkeit noch weiter zu verbessern und dadurch den Verschleiß an den Gleisanlagen zu minimieren, hatte die mittlere Treibachse jedes Drehgestells beidseitig 25 mm Seitenspiel, die Laufachse sogar je 83 mm. Blattfedern führten die Achsen in die Mittellage zurück. Die Triebgestelle waren identisch konstruiert und daher austauschbar, was den Unterhalt sehr erleichterte.

Zwischen der ersten und zweiten Antriebachse wurden jeweils die beiden Motoren eingebaut, die über beidseitige, gefederte Ritzel gemeinsame Zahnräder antrieben, die auf der gleichfalls zwischen der ersten und zweiten Treibachse platzierten Vorgelegewelle saßen.

Blick aus dem recht hoch angebrachten Fenster der Ce 6/8 II 14253 auf die Gleise in Erstfeld, der aber nur im Stehen in dieser Form möglich war Foto: Carl Waldis

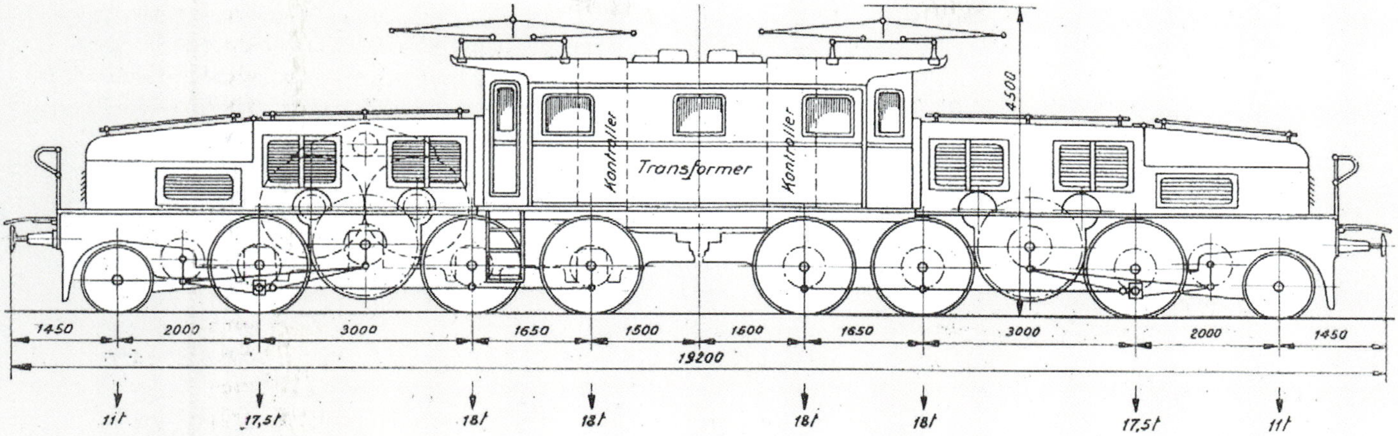

Typenskizze einer Ce 6/8 II

Skizze: Archiv Herbert Stemmler

Aufgesetzte Schilder mit Betriebsnummer und Herstellern sowie aufgemalte Typenbezeichnung an Ce 6/8 II 14282 Foto: H.-B. Schönborn

Dachaufbauten bei der Be 6/8 II 13254 am 9. August 2013 im VHS Luzern
Foto: H.-B. Schönborn

Für Großunterhalt und Reparaturen an den Ce 6/8 war die Werkstätte in Bellinzona zuständig, teilweise auch für die Endmontage. Ce 6/8 II 14258 schwebt 1920 durch die als »Kathedrale« bezeichnete Halle. Foto: Sammlung Carl Waldis

Eine Be 6/8 III im harten Wintereinsatz auf der Gotthard-Nordrampe wartete im Februar 1944 in der Station Wassen auf die Weiterfahrt.
Foto: Sammlung Carl Waldis

Bei sehr schweren Zügen wurden »Krokodile« auch in Doppeltraktion mit zwei Lokomotivführern als Zwischenloks eingesetzt, auf dem Bild sind es Be 6/8 II 13254 und eine Be 6/8 III am 27. August 1958 in Airolo. Foto: E. Hofstetter †, Sammlung Bernhard Willen

Am Sonntag, 6. Oktober 1985, war – wie üblich – das dienstfreie »Rangier-Krokodil« Ce 6/8 II 14276 zwischen dem Bahnhof Basel SBB und dem Depot abgestellt, rechts daneben eine »Nachfolgerin«, die aus einer Eem 6/6 umgebaute Em 6/6 17006. Foto: Bernhard Willen

Ce 6/8 II 14253 und Be 4/6 12320 fuhren am 25. August 1981 mit dem Leerzug 82149, Göschenen – Erstfeld, aus dem unteren Wattinger Kehrtunnel als nachempfundener Schnellzug der Zwanzigerjahre aus. Sie waren Teil der mehrmals wöchentlich präsentierten »Gotthard-Show« im Sommer 1981 anlässlich des 100. Geburtstags der Strecke, der wegen der Einführung des Taktfahrplans ein Jahr zu früh gefeiert wurde. Foto: Dietmar Beckmann

Be 6/8 III 13302 weilte am 16. September 1984 anlässlich einer Sonderfahrt leider bei sehr schlechtem Wetter in Tübingen. Foto: Herbert Stemmler

Eine gute Pflege war bei den »Krokodilen« schon immer erforderlich, bei Museumsfahrzeugen ist sie noch wichtiger. Be 6/8 III 13302 erfährt sie bei einer Sonderfahrt am 7. September 1996 in Arth-Goldau. Foto: Detlef Klein

»Schmieren und Ölen ist alles« - bei einem Zwischenhalt am 22. 9. 2010 auf den Depotgleisen in Olten wurden bei der Ce 6/8 II 14253, die als Lokzug von Erstfeld nach Biel fuhr, alle wichtigen Teil geölt. Foto: Carl Waldis

Neben den planmäßigen Einsätzen befuhren »Krokodile« vor allem an Wochenenden die steilen SOB-Strecken mit Pilger- oder Sportzügen. Am 7. September 1996 traf Be 6/8 III 13302 mit einem Sonderzug der »Verkehrsfreunde Stuttgart« aus drei SOB-Einheitswagen I in Samstagern ein. Foto: Detlef Klein

Wie in den letzten Betriebsjahren war Ce 6/8 II 14253 am 3. September 2011 mit einem Kieszug im Bahnhof Erstfeld unterwegs. Foto: Carl Waldis

SBB-»Krokodile« kamen planmäßig nie auf die Lötschbergstrecke der BLS, doch mit dem Sonderzug »Lötschberg und Simplon – Alpenquerung« von SBB Historic befuhren am 20. August 2011 die grüne Ce 6/8 III 14305 und die braune Ce 6/8 II 14253 mit Altbauwagen die Strecke Bern – Kandersteg – Domodossola. Foto: Bernhard Ledermann

Drei Generationen von Gotthard-Loko-motiven 1980 beim Depot in Erstfeld (von links nach rechts): C 5/6 2965, Ce 6/8 II 14253, Re 6/6 11610 Foto: Carl Waldis

Von dieser Vorgelegewelle erfolgte die Übertragung mit Dreieckrahmen, welche durch Kurbeln auf einer pendelnd gefederten Stütz- oder Blindwelle abgestützt waren, über ein Gleitlager auf die erste Treibachse. Die Übertragung der Antriebskraft erfolgte von einem Anlenkpunkt am Dreieckrahmen mit Kuppelstangen auf die zweite und dritte Antriebachse. Ab 1945 wurde die Federung der Blindwelle ausgebaut, weil sich die Horizontalkräfte als zu gering erwiesen.

Die Westinghouse-Druckluft-Doppelbremse wirkte – wie die Handbremse – auf die beiden Bremsklötze jeder Treibachse, während die Laufachsen nicht gebremst waren. Jedes Triebgestell verfügte über einen Bremszylinder und vier Sandkästen. Während die Ce 6/8 II mechanisch fast identisch waren, gab es bei der von MFO gebauten elektrischen Ausrüstung aufgrund der rasch fortschreitenden Entwicklung bei den elektrotechnischen Komponenten erhebliche Unterschiede, was für das Lokomotivpersonal und die Mitarbeitenden in den Depots und Werkstätten vor allem bei Defekten zu einer Herausforderung wurde. Die beiden, durch eine Dachleitung verbundenen, durch Trennmesser einzeln abtrennbaren und mit Druckluft betriebenen Stromabnehmer und eine später wieder abgebaute Blitzschutzspule befanden sich auf dem Dach des zentralen Lokomotivkastens, in dessen Mitte der Transformator in einem oben offenen Schacht untergebracht war, während sich die elektropneumatische Fahrschaltersteuerung, »Hüpfersteuerung«, in einem Kasten auf der fensterlosen Seite befand. Um das Transformatorenöl zu kühlen, war der Transformatorenkessel bei den Betriebsnummern 14251–14273 (ohne 14264) außen mit Rippen versehen, und unterhalb des Bodenrahmens bliesen zwei Ventilatorengruppen Kühlluft von unten an den Rippen vorbei durch den Schacht. Die 14264 und 14274–14283 hingegen besaßen einen Kessel mit glatten Außenwänden, und eine separate Ölpumpe presste das Öl durch den Ölkühler.

Technische Unterschiede

Loknummern	Schaltertyp	Fahrstufen	Antrieb	Bedienungsart
14251–14255	Walzenschalter	23	2 Servomotoren	kleines Handrad senkrecht am Führertisch
14256–14257	Hebelschalter	20	mechanisch	großes Handrad senkrecht am Führertisch
14258–14260	Walzenschalter	23	2 Servomotoren	kleines Handrad senkrecht am Führertisch
14261–14265	Hebelschalter	20	2 Servomotoren	normales Handrad auf dem Führertisch
14266–14283	Hebelschalter	23	1 Servomotor	normales Handrad auf dem Führertisch
14301–14318	Hebelschalter	23	1 Servomotor	normales Handrad auf dem Führertisch

13302

»Krokodil-Treffen« mit »Großmutter« am 1. Juli 2006 beim Depot in Erstfeld (von links nach rechts): braune Ce 6/8 II 14253, grüne Be 6/8 III 13302, grüne Ce 6/8 III 14305, braune Ce 6/8 I 14201
Foto: Carl Waldis

Bei den Lokomotiven 14251–14273 konnten die mit unterteilten Hochspannungswicklungen ausgestatteten Transformatoren von 7,5 kV auf 15 kV umgeschaltet werden, da die Gotthard-Strecke am Anfang noch mit der halben elektrischen Spannung betrieben wurde, denn es wurden Überschläge an den Isolatoren befürchtet, die durch den immer noch umfangreichen Einsatz von Dampflokomotiven verrußt waren.

Auf der Niederspannungsseite besaßen die Transformatoren zwei Stufenwicklungen mit jeweils elf Anzapfungen von 113 bis 567 V, wobei die Anzapfungen dieser beiden Wicklungen entgegengesetzte Spannungen aufwiesen, so dass über zwei Stufenschalter den parallel geschalteten Fahrmotorgruppen in den beiden Triebgestellen in 20 oder 23 Stufen Spannungen bis zu 1,1 kV zugeführt werden konnten. Da die beiden Fahrmotoren eines Triebgestells in Reihe geschaltet waren, betrug die maximale Spannung pro Motor etwa 550 V. Um die Verkabelung zu vereinfachen, hatte jeder Motor seinen eigenen, elektropneumatischen Wendeschalter, der nicht nur zum Wechseln der Fahrtrichtung, sondern auch zum Umschalten auf die elektrische Bremse diente. Die recht geräuschvoll arbeitenden Stufenschalter, die sich auf beiden Seiten des Transformators befanden, waren nur durch demontierbare Blechwände vom jeweiligen, für zwei Personen und eine stehende Bedienung ausgelegten Führerstand getrennt, so dass der Arbeitsplatz des Lokomotivpersonals recht laut war. Der Schaltertyp, der Antrieb und dessen Bedienungsart sowie die Zahl der Fahrstufen waren unterschiedlich, wie die Übersicht auf der nächsten Seite 21 unten zeigt.

Durch den Transformator wurden folgende Hilfsbetriebe, die sich teilweise in den Vorbauten befanden, mit 220 V versorgt: je ein Kolbenkompressor und ein Ventilator für die beiden Fahrmotoren pro Vorbau, die beiden Ventilatoren für den Transformator (14251–14263, 14265–14273) bzw. ein Motor zum Antreiben der Ölpumpe und des Ventilators zum Ölkühler (14264, 14274–14283), die Umformergruppe zur Batterieladung, die Führerstandheizungen und Fußwärmeplatten sowie die Ölwärmeplatte im Führerstand I. In jedem Vorbau war eine Lampe fest installiert, und mittels einer Klappe links über dem recht benutzerfreundlich gestalteten Führertisch konnte der Lokomotivführer sehen, hören und riechen, ob im Vorbau alles in Ordnung war. Ebenfalls wurde die Zugheizung vom Transformator abgenommen, wobei bei den ersten zehn Lokomotiven 800, 1000 oder 1200 V möglich waren, bei den anderen Maschinen nur 800 und 1000 V. Die 1200-V-Stufe wurde später bei den ersten zehn Lokomotiven entfernt, nach dem Zweiten Weltkrieg die 800-V-Stufe bei allen.

Alle Ce 6/8 II besaßen eine Rekuperationsbremse, bei der die Fahrmotoren beim Bremsen als Wechselstrom-Generatoren wirkten und elektrische Energie über Bremsdrosselspulen, den Transformator und die Stromabnehmer in die Fahrleitung abgaben. Außerdem ergab sich auf diese Weise neben der Druckluftbremse eine zweite, unabhängige Bremsvorrichtung, was die Sicherheit erhöhte und den Verschleiß an den Bremsklötzen und Bandagen der Räder verringerte. Zum elektrischen Bremsen musste der Stufenschalter auf »Null«, danach der Wendeschalter auf »Bremse vorwärts« gestellt und schließlich der Stufenschalter wieder aufgeschaltet werden, um die Bremsleistung zu regulieren.

Die ersten drei »Krokodile« trugen bei der Ablieferung die Bezeichnung Fc 2 x 3/4 12251–12253, welche 1920 in Ce 6/8 II 14251–14253 geändert wurde. Auch die Lackierung änderte sich schnell: Wegen der raschen Verschmutzung wechselte man bald vom ursprünglichen Kastenanstrich in Zinnober-Rot (mit einem schwarzen Fahrwerk) auf das bekannte Schokoladen-Braun (mit schwarzem Fahrwerk), dem ab 1928 Tannengrün (mit grauem Fahrwerk) folgte.

Eingesetzt wurden die Fahrzeuge ab 1919 zunächst auf der Strecke Bern – Thun – Spiez, weil dies die einzige elektrifizierte der SBB war. Auf die Lötschberg-Strecke der BLS kamen planmäßig keine »Krokodile«. Ab Oktober 1920 fuhren sie auf der Gotthard-Strecke und lösten die erst drei bis sechs Jahre alten Dampflokomotiven C 5/6 ab, die den Spitznamen »Elefant« erhalten hatten. Mit fortschreitender Elektrifizierung waren die »Krokodile« dann in allen Schweizer Landesteilen mit Güterzügen anzutreffen.

Um keine neuen Lokomotiven beschaffen zu müssen, ließen die SBB zwischen 1941 und 1947 auf Vorschlag von MFO 13 der Ce 6/8 II 14251–14265 mit stärkeren Motoren ausstatten, so dass die Leistung von 1650 kW auf 2700 kW und die Höchstgeschwindigkeit auf 75 km/h stieg sowie die neue Bezeichnung Be 6/8 II 13251 … 13265 lautete.
Später wurden die »Krokodile« von den ab 1952 in Dienst gestellten Ae 6/6 von der Gotthard-Strecke ins Flachland verdrängt, wo sie mit Kies- oder Zuckerrübenzügen und im Rangierdienst anzutreffen waren, wozu von 1965 bis 1967 einige Lokomotiven 14274 … 14283 modifiziert wurden: Auf beiden Stirnseiten wurden über den Kupplungsbalken große Plattformen mit Geländer und Schutzblech für das mitfahrende Rangierpersonal angebracht, ein Stromabnehmer musste der Antenne für den Rangierfunk weichen, die Regulier- wurde durch eine Rangierbremse ersetzt, in den Führerständen wurden feiner abgestimmte Tachometer installiert, damit die

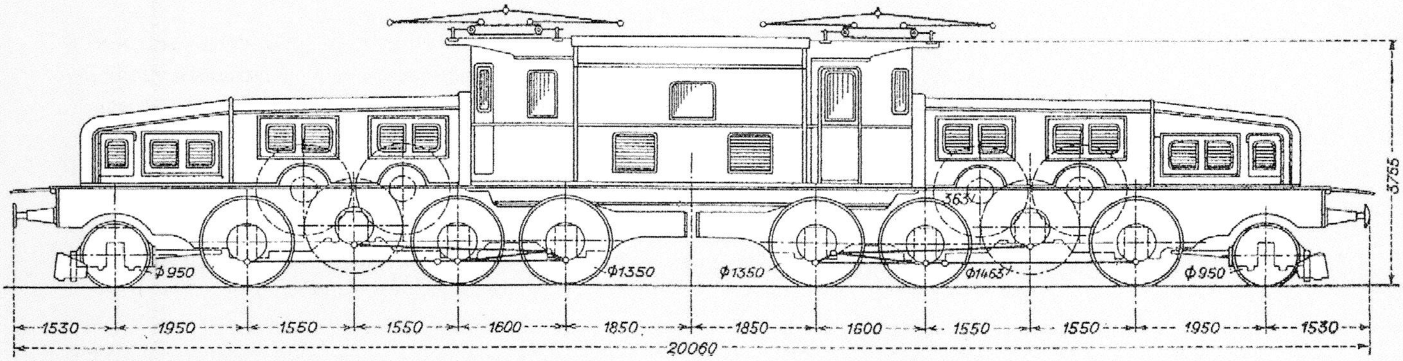

Typenskizze einer Ce 6/8 III

Skizze: Archiv Herbert Stemmler

Die wichtigsten technischen Daten der Ce (Be) 6/8 II und Ce (Be) 6/8 III

Typenbezeichnung	Ce 6/8 II	Be 6/8 II	Ce 6/8 III
		(Umbau aus Ce 6/8 II)	(ab 1956: Be 6/8 III)
Betriebsnummern	14251–14283	13251 … 13265	14301–14318
nach Umnummerierung		14266–14285	13301–13318
Indienststellung	1919–1922	Umbau 1942–1947	1926–1927
Stückzahl	33		18
nach Umbau	20	13	18
Achsfolge	1´C+C1´	1´C+C1´	1´C+C1´
Spurweite	1435 mm	1435 mm	1435 mm
Länge über Puffer			
mit Stangenpuffern	19400 mm		
mit Hülsenpuffern	19460 mm	19460 mm	20060 mm
mit verstärkten Kuppelbalken		19800 mm	
Höhe mit gesenktem Stromabnehmer	4500 mm	4500 mm	4500 mm
Anzahl Treibachsen	sechs	sechs	sechs
Treibrad-Durchmesser (neu)	1350 mm	1350 mm	1350 mm
Anzahl Laufachsen	zwei	zwei	zwei
Laufrad-Durchmesser (neu)	950 mm	950 mm	950 mm
Übersetzung der Zahnradgetriebe	1 : 4,03	1 : 4,03	1 : 4,03
Antriebsart Fahrmotor–Treibachse	dreieckiger Kuppelrahmen	dreieckiger Kuppelrahmen	Schrägstangenantrieb
Dienstmasse	128 t	126 t	131 t
Stromspannung	15 kV / 16,7 Hz	15 kV / 16,7 Hz	15 kV / 16,7 Hz
Anzahl Fahrmotoren	vier	vier	vier
Stundenleistung am Rad	1647 kW	2676 kW	1809 kW
Maximale Anzugkraft am Rad	26 t	30 t	30 t
Stundenleistung an Welle	4 x 450 kW	4 x 705 kW	4 x 490 kW
Dauerleistung an Welle	4 x 360 kW	4 x 645 kW	4 x 440 kW
bei	40 km/h	46,5 km/h	38 km/h
Höchstgeschwindigkeit	65 km/h	75 km/h	65 km/h / 75 km/h (1)
Maximale Anhängelast			
bei 100 Promille	1200 t (40 km/h)	1350 t (40 km/h)	1400 t (35 km/h)
bei 260 Promille	450 t (30 km/h)	520 t (40 km/h)	520 t (30 km/h)
Fern- / Vielfachsteuerung	keine	keine	keine
Bremsen	Nutzstrom	Nutzstrom	Nutzstrom

Anmerkung: (1) 75 km/h von 1953 bis 1973

Lokomotivführer die genau festgelegten Geschwindigkeiten am Ablaufberg einhalten konnten, durch Optimierung der Fahrmotor-Shunts wurde die Stromwendung / Kommutation bei Langsamfahrt verbessert. Die so genannten »Rangier-Krokodile« kamen in Basel, Biel, Buchs (SG), Schaffhausen, Winterthur und Zürich sowie in der Formationsanlage der Erdölraffinerie St-Triphon zum Einsatz. Für die nach schweren Unfällen ausrangierten Ce 6/8 II 14277 und 14279 wurden 1969 die 14269 und 1971 die 14267 zu Rangierlokomotiven umgebaut.

Fast parallel mit der schrittweisen Inbetriebsetzung der Re 4/4 II und III sowie der Re 6/6 begann 1968 die Ausrangierung der Ce 6/8 II, wobei die für den Rangierdienst tätigen Fahrzeuge z. B. in den Basler Rheinhäfen noch bis 1986 fuhren. Als letztes »Rangier-Krokodil« stand die 14276 bis März 1986 im Einsatz, die anschließend an den Tessiner Club »San Gottardo« übergeben wurde.

1.6 Die zweite Generation von »Krokodilen«: Ce 6/8 III 14301–14318

Als die SBB in der Mitte der Zwanzigerjahre des 20. Jahrhunderts leistungsfähige Güterzuglokomotiven für das Mittelland brauchten, entschieden sie sich für einen modifizierten Nachbau der bewährten Ce 6/8 II, obwohl die BLS bereits einen Innovationsschritt weiter war mit dem Einsatz von Drehgestell-Lokomotiven mit Einzelachsantrieb ohne Treibstangen. Einzig auf den wartungsaufwändigen und schweren Kuppelrahmen-Antrieb der Ce 6/8 II wollten die SBB verzichten, zumal sich der Winterthurer Schrägstangenantrieb z. B. bei den normalspurigen Rangierlokomotiven Ee 3/4 oder den meterspurigen Ge 6/6 der RhB bewährt hatte. Dass es Bedenken wegen der auftretenden Zug- und Druckkräfte in der Treibstange wegen der Vertikalschwingungen gab, nahmen die SBB in Kauf, weil die Höchstgeschwindigkeit nur 65 km/h betragen sollte.

Das Pflichtenheft verlangte von den Lokomotiven Ce 6/8 III, dass sie auf einer Steigung von 10 Promille Güterzüge von 1400 Tonnen mit 35 km/h und auf den 26-Promille-Rampen 520 Tonnen mit 30 km/h befördern sollten.

Das Konzept der dreiteiligen Ce 6/8 II wurde beibehalten, allerdings waren die Vorbauten etwas höher und breiter, was den Ce 6/8 III ein bulligeres Aussehen verlieh; außerdem waren die Fahrzeuge etwas länger. Die wesentliche Änderung betraf die Kraftübertragung, die von der zwischen der ersten und zweiten Treibachse platzierten Vorgelegewelle aus mit einer Schrägstange auf einen Zapfen erfolgte, der auf der Kuppelstange von der dritten zur zweiten Treibachse schräg oberhalb des Kurbelzapfens der dritten Treibachse saß. Von der zweiten Treibachse übertrug eine weitere Kuppelstange die Kraft auf die erste Treibachse. Aufgrund des aus diesem Antrieb resultierenden Fahrverhaltens mit lauten, knackenden Geräuschen erhielt die Ce 6/8 III von den Französisch sprechenden Westschweizer Lokomotivführern den Spitznamen »Berceuse«, auf Deutsch »Schaukelstuhl«.

Der elektrische Teil entsprach – wenn man von den leistungsfähigeren Transformatoren und Fahrmotoren absieht – demjenigen der Ce 6/8 II. Der Hauptschalter befand sich in einem druckfesten, zylindrischen Ölbehälter und ließ sich rein mechanisch am Führertisch auslösen. Die Stufenschalter waren als nockengesteuerte Hebelwerke mit 23 Stufen, Funkenlöschschalter und Überschaltdrosselspule ausgestaltet und wurden über einen Servomotor angesteuert. Eine Rekuperationsbremse war gleichfalls wieder vorhanden. Durch Verbesserungen bei den elektrischen Apparaten konnte die Stundenleistung der Ce 6/8 III von 1650 auf 1800 kW gesteigert werden.

Ab den Dreißigerjahren ermöglichten eine neue Sicherheitssteuerung und die automatische Zugsicherung die einmännige Bedienung der Lokomotiven, ab 1951 überwachte eine spezielle Sicherheitssteuerung, das so genannte »Totmann-Pedal«, die Aufmerksamkeit des Personals.

Obwohl die Ce 6/8 III im Mittelland eingesetzt werden sollten, kamen sie doch an den Gotthard, wo sie ab 1930 für rund 30 Jahre in Erstfeld stationiert blieben. Nach Versuchen mit frisch revidierten Ce 6/8 III wurde die Höchstgeschwindigkeit ab 1956 auf 75 km/h angehoben, wobei mit den mechanischen Teilen keine Probleme entstanden, aber vermehrt Motorschäden auftraten, wie die für die »Krokodile« zuständige Hauptwerkstätte in Bellinzona bemerkte. Es erfolgte die Umzeichnung in Be 6/8 III 13301–318, die auch beibehalten wurde, als die Höchstgeschwindigkeit 1973 wieder auf 65 km/h reduziert wurde. Nach der Inbetriebnahme der Ae 6/6 kamen alle Be 6/8 III zum Depot Basel und leisteten von dort aus recht unterschiedliche Dienste: Sie beförderten einerseits bis zu 1200 Tonnen schwere Kieszüge für den Autobahnbau mit bis zu 15 vierachsigen, privaten Schüttgut-Wagen, andererseits waren sie mit kurzen Stückgüterzügen unterwegs, die in den kleinen, ländlichen Bahnhöfen rangiert werden mussten. Verschubdienste in großen Rangierbahnhöfen leisteten sie jedoch nie. Im April 1977 wurde als letzte Be 6/8 III die 13303 ausgemustert.

1.7 Betriebseinsatz im Allgemeinen

Die Ce 6/8 II und III waren nicht nur einzeln unterwegs, sondern bei schweren Zügen auch in Doppeltraktion, wobei beide Lokomotiven mit einem Führer besetzt sein mussten, weil die »Krokodile« keine Vielfachsteuerung besaßen. Sie leisteten anderen Lokomotiven älterer Bauart Vorspann und wurden am Gotthard auch als Zwischenlokomotiven verwendet, bei sehr schweren Zügen gelegentlich sogar in Doppeltraktion mit zwei Lokomotivführern.

In ihrer Dienstzeit legte jede Ce (Be) 6/8 II durchschnittlich eine Laufleistung von mehr als vier Millionen Kilometern zurück, was einem Jahresdurchschnitt von rund 100.000 Kilometern entspricht. Auch der Unterhaltsaufwand war beachtlich, aber recht unterschiedlich: Während sich die am Gotthard eingesetzten Lokomotiven jährlich im Durchschnitt 55 Tage in der Hauptwerkstätte Bellinzona für Reparaturen oder Revisionen aufhielten, waren es bei den Maschinen, die in Depots im Schweizer Mittelland beheimatet waren, nur 25 Tage.

Bis in die Fünfzigerjahre wurden sie, wenn immer möglich, im so genannten »Titulardienst« gefahren, d. h., es war stets das gleiche Lokomotivpersonal mit »seiner« ihm anvertrauten Maschine unterwegs. Diese Regelung, die aus den Zeiten der Dampflokomotiven stammte, hatte unzweifelhaft den Vorteil, dass die Lokomotivführer Verantwortung für ihr »Arbeitsmaterial« übernahmen, es zuverlässig unterhielten und pflegten. Nachdem aber die »Krokodile« durch leistungsfähigere und modernere Fahrzeuge von der Gotthard-Strecke verdrängt worden waren, konnte der »Titulardienst« nicht mehr beibehalten werden, da die Depotzuteilungen häufiger wechselten, und es soll in den letzten Betriebsjahren sogar Lokomotivführer gegeben haben, die absichtlich Fahrmotor- oder Lagerschäden herbeiführten, um die unbequemen Veteranen loszuwerden.

Ab 1951 wurden die »Krokodile« für die sitzende Bedienung zugelassen, eine Entscheidung, die zu Diskussionen führte, denn die Frontfenster waren recht weit oben angeordnet – eben für einen stehenden Lokomotivführer, und im Sitzen verschlechterte sich die Sicht auf die Strecke wegen der langen Vorbauten erheblich. Und der schwere Unfall von Tüscherz am 2. Oktober 1942, den ein Lokomotivführer verursacht hatte, weil er sich wegen Übermüdung gesetzt hatte und eingeschlafen war, wurde ebenfalls als Gegenargument herangezogen.

Die Ce 6/8 II, die in den Vierzigerjahren modernisiert und mit leistungsstärkeren Motoren ausgerüstet worden waren, übertrafen ihre jüngeren Schwestern, die Ce 6/8 III, im schweren Traktionsdienst, denn sie schafften 2676 kW Stundenleistung am Rad, die Ce 6/8 III »nur« 1809 kW. Wenn aber die Adhäsionsverhältnisse durch Regenfälle oder Laubfall im Herbst ungünstig waren, zahlte sich die mehr als fünf Tonnen höhere Dienstmasse der Ce 6/8 III aus. Denn das Fahrwerk schleuderte durch die höhere Dienstmasse weniger leicht, so dass schwere Züge besser über rutschige Abschnitte befördert werden konnten.

Die »Krokodile« konnten in allen Regionen der Schweiz auf (fast) allen elektrifizierten Normalspur-Strecken eingesetzt werden: So beförderten sie beispielsweise schwere Ölzüge auf der Basler Hafenbahn, verkehrten mit internationalen Reisezügen zwischen Basel SBB und dem Badischen Bahnhof, wo die Übergabe an DB-Fahrzeuge stattfand, unterstützten bei den Zügen des Schweizer Nationalzirkus Knie die kleineren De 6/6 auf der Seetalbahn, waren an Wochenenden, wenn der Güterverkehr ruhte, mit Sonderzügen für Skisportler oder Pilger auf den steilen Rampenstrecken der Südostbahn unterwegs und kamen fallweise auch bei einigen Privatbahnen zum Einsatz, der Emmental–Burgdorf–Thun-Bahn (EBT), den Vereinigten Huttwil-Bahnen (VHB), der Sihltalbahn (SiTB) bei Zürich oder der Oensingen–Balsthal-Bahn (OeBB). »Krokodile« führten auch die Autoverladezüge durch den Gotthardtunnel, wobei es bisweilen Kompositionen mit einer Ce 6/8 III vorne und hinten gab, was die Wendezeiten in Göschenen und Airolo verkürzte und bei hohem Transportaufkommen an Straßenfahrzeugen durchaus erwünscht war. Nie eingesetzt wurden sie auf der Lötschberg-Strecke der BLS und im Simplontunnel, denn die nicht ausreichend isolierten Fahrmotoren vertrugen die hohe Luftfeuchtigkeit in dem fast 20 Kilometer langen Bauwerk nicht.

1.8 Unfälle

Im Verlaufe ihrer Lebensgeschichte wurden »Krokodile« nicht nur in teils spektakuläre, teils schwere Unfälle, sondern sogar in kriegerische Ereignisse verwickelt. Die Ce 6/8 II 14279 traf es gleich drei Mal, wie die chronologisch angeordneten, ausgewählten Berichte zeigen:

Weil Gas, das sich im Transformator gebildet hatte, durch eine undichte Stelle in den Maschinenraum gelangt war, explodierte am 2. April 1923 in Lavorgo beim Betätigen des Stufenschalters der Transformator der Ce 6/8 II 14256; der Lokomotivführer wurde verletzt, der Führergehilfe verlor sein Leben. Die Lokomotive wurde schwer beschädigt, aber wieder repariert.

Am 29. Juli 1941 entgleiste die Ce 6/8 III 14304 mit völlig überhöhter Geschwindigkeit beim Pianotondo-Viadukt auf der Gotthard-Südrampe. Obwohl die Lokomotive kaum mehr zu erkennen ist, blieb der Lokomotivführer unverletzt, und die Maschine wurde repariert. Foto: Autor unbekannt

Bei der schweren Frontalkollision nahe dem Bahnhof Tüscherz wurde ein Triebdrehgestell der Ce 6/8 II 14279 schwer beschädigt, doch auch diese Lokomotive wurde in Bellinzona repariert. Foto: Autor unbekannt

Am 29. Juli 1941 befuhr gegen 15 Uhr der Güterzug 8622, Erstfeld–Bellinzona, der aus der Ce 6/8 III 14304 und 21 schweizerischen, italienischen und tschechischen Güterwagen (Gewicht rund 300 Tonnen) bestand, die Südrampe der Gotthardbahn talwärts. Der Zug besaß eine durchgehende Luftdruckbremse sowie am Schluss zwei handbediente Bremswagen, aber das Verhältnis des Gewichtes der gebremsten Wagen zum Gesamtgewicht des Zuges genügte für die in der Fahrordnung vorgeschriebene Geschwindigkeit nicht ganz. Von Airolo bis Ambri-Piotta fuhr der Zug mit der vorgeschriebenen Geschwindigkeit, als kurz darauf erste Anzeichen für einen Defekt auftraten. Die Station Rodi-Fiesso durchfuhr der Zug mit auffallend hoher Geschwindigkeit, und nach der Einfahrt in die Dazio Grande trat ein Bremsversagen ein, und das Tempo des Zuges wurde immer höher. Auf dem engen Radius des Pianotondo-Viadukts (300 Meter) kam es zum Unglück: Die ersten Wagen hinter der Lokomotive kippten und zerstörten Oberleitungsmasten, Schienen und Schwellen, weiter verkeilten sich die Wagen am Tunnelportal des Pianotondo-Kehrtunnels und zertrümmerten das dortige Bahnwärterhäuschen und die daneben stehende Militärbaracke. 13 Wagen gerieten in Brand, der auf das Wärterhaus und die Baracke übergriff. Fünf Wehrmänner der Bahnbewachung kamen ums Leben, zudem der Zugführer und der Bremser.

Die Lokomotive riss sich los und raste – wie der unversehrte Registrierstreifen des Geschwindigkeitsmessers angab – mit 124 km/h talwärts. Durch den Unfall hatte es einen Kurzschluss gegeben, so dass der Güterzug 886, der vor 8622 ebenfalls nach Süden fuhr, in der Station Giornico liegen blieb. Der Bremser dieses Zuges hörte das Getöse des Unfalls, sah die entlaufene Lokomotive auf der mittleren Gleisstufe und brachte sich gerade noch rechtzeitig in Sicherheit. Wenig später verließ die Ce 6/8 III den Travi-Kehrtunnel, überquerte die Obere Tessinbrücke und krachte in den stehenden Zug. Dabei wurden neun Wagen zerstört, die Lokomotive aus dem Gleis geworfen, und sie stürzte, sich nach links überschlagend, den Bahndamm hinunter. Wie durch ein Wunder blieb der Lokomotivführer unverletzt, abgesehen von einer Schramme am Kopf und einem Schock. Der wahre Grund des Unglücks wurde nicht herausgefunden, aber Insider glaubten, dass der Lokomotivführer irrtümlicherweise annahm, er habe die Rekuperationsbremse eingeschaltet, und dass er durch Aufschalten am Handrad nicht die Bremswirkung, sondern die Geschwindigkeit erhöhte. Da der Zug nicht allzu schwer war, beschleunigte die Ce 6/8 III auf der Talfahrt trotz funktionierender Druckluftbremse an den Wagen so sehr, dass der Zug außer Kontrolle geriet. Die 14304 wurde in der Werkstätte Bellinzola wieder aufgebaut.

Am 2. Oktober 1942 missachtete bei Tüscherz am Bieler See der Führer der Ce 6/8 II 14279 mit seinem Güterzug das Halt zeigende Signal samt dem Vorsignal, weil er sich vorschriftswidrig wegen Übermüdung hingesetzt hatte und eingeschlafen war. Auch den Halt gebietenden Bahnhofsvorsteher sah der Lokomotivführer nicht, und der Zugführer sowie der Schaffner waren – ebenfalls vorschriftswidrig – mit anderen Dingen beschäftigt und bemerkten die Signale nicht. Also fuhr der schwere, 120 Achsen umfassende Güterzug 643, der aus Renens kam und in Richtung Deutschland unterwegs war, ungebremst auf die eingleisige Strecke hinaus und stieß frontal mit dem korrekt vor dem Einfahrsignal in der Gegenrichtung bremsenden Personenzug 1508 zusammen, der von Biel nach Neuchâtel fuhr. Die 14279 legte sich auf die Seite und wurde schwer beschädigt, konnte aber – im Gegensatz zu der Ae 3/6 des Personenzuges – in der Werkstätte Bellinzona wieder aufgebaut werden. Bei diesem Unfall waren elf Tote und 16 Verletzte zu beklagen. Das Personal des Güterzuges wurde zu Bewährungsstrafen verurteilt, und als Konsequenz des Unfalls statteten die SBB die Ausfahrvor- und -hauptsignale ab 1943 mit dem Zugsicherungssystem Integra-Signum aus.

Die SBB-Strecke Schaffhausen – Eglisau verläuft teilweise auf deutschem Hoheitsgebiet, und so hielt im 2. Weltkrieg der Pilot eines amerikanischen Kampfflugzeugs die Ce 6/8 II 14279, die am 9. September 1943 in der Nähe von Rafz einen Zug mit Hilfsgütern für Flüchtlinge führte, für eine Reichsbahn-Lokomotive und eröffnete das Feuer. Das Personal wurde schwer verletzt, die Lokomotive rund 30 Mal getroffen, aber in Bellinzona wieder repariert.

Die Ce 6/8 II kamen – von Zürich aus – auf den Steilstrecken der Südostbahn (SOB) zwischen Wädenswil und Einsiedeln zum Einsatz. Durch einen Fehler des Lokomotivführers kam es dort am Abend des 22. Februar 1948 zu einer Katastrophe: Bei der Fahrt nach Wädenswil schaltete der Lokomotivführer auf elektrischen Bremsbetrieb, achtete aber nicht auf den Wendeschalter und schaltete – wie gewohnt – den Stufenschalter hoch, der aber – statt zu bremsen – die Zugkraft der Lokomotive aufsteuerte. Der direkte Sportzug nach Zürich geriet außer Kontrolle und raste nach Wädenswil, wo im Bahnhof alle Gleise mit anderen Zügen besetzt waren. Also wurde der Zug auf das Stumpengleis der Obst- und Weinbaugenossenschaft geleitet, wo er das Verwaltungsgebäude teilweise zum Einsturz brachte. 21 Menschen verloren ihr Leben, 40 wurden zum Teil schwer verletzt. Als Konsequenz aus dem Unfall erhielten die Ce 6/8 II nun eine Warneinrichtung für den Fall, dass die elektrische Bremse nicht korrekt eingeschaltet wurde. Die beschädigte 14269 wurde repariert.

Bei Maroggia-Melano im Tessin stieß am 27. Mai 1950 die Ce 6/8 III 14303 frontal mit der beinahe noch fabrikneuen Ae 4/6 10807 zusammen. Die Ae 4/6 wurde zur Hälfte zerstört, und deren Führer verlor bei dem Unfall sein Leben. Am 12. November 1968 war das »Rangier-Krokodil« 14277 mit einem schweren Güterzug im Streckendienst in Richtung Osten unterwegs. In Grandvaux war ein Einspurbetrieb eingerichtet worden, dort stießen aufgrund von menschlichem Versagen zwei Züge frontal zusammen. Die 14277 bäumte sich auf und begrub die frisch revidierte Ae 4/7 10988 unter sich, während die der Ae 4/7 folgende Ae 3/6 III 10261 durch die Wucht des Aufpralls vorne und hinten eingedrückt wurde. Die Ae 4/7 wurde repariert, die Ae 3/6 III und die Ce 6/8 II waren ein Fall für den Schrotthändler.

Am 16. Dezember 1968 wurde die Be 6/8 II 13252 nach dem Bruch der Kurzkupplung zwischen den Vorbauten in Zürich-Wollishofen in mehrere Teile gerissen und so ebenfalls ein Fall für den Schrotthändler.

Ce 6/8 II 14279 sollte am 28. Juni 1971 von zwei Ae 6/6 mit einem Güterzug nach Bellinzona zur Reparatur geschleppt werden. Im Bahnhof Amsteg-Silenen trennte sich das vorlaufende Triebgestell vom Rest der Lokomotive, und der Kasten, der ohne das vordere Triebgestell auf das Gleis aufschlug, bremste den hinteren Zugteil so stark ab, dass die Wagen entgleisten. Die beiden Ae 6/6 kamen mit dem Vorbau der Ce 6/8 II wenig später auch zum Stillstand. Die schwer beschädigte Lokomotive wurde noch am selben Tag ausgemustert, nach Erstfeld zurückgebracht und etwa zwei Monate später abgebrochen. Nach dem Bruch der zweiten Kurzkupplung erließen die SBB für die »Krokodile« eine Lastbeschränkung, aufgrund derer die Fahrzeuge so eingereiht werden mussten, dass die Anhängelast 200 Tonnen nicht überschritt.

1.9 Verbleib

Insgesamt neun »Krokodile« entkamen dem Schneidbrenner, davon sind drei zurzeit einsatzbereit.

1969 wurde die Ce 6/8 II 14270 nach einem schweren Defekt ausrangiert und später ihrer »Innereien« beraubt. Vom 30. April 1970 bis 28. Mai 1972 stand sie während einer Son-

Anlässlich des Gotthard-Jubiläums 2005 wurde die Erstfelder Denkmal-Lokomotive Ce 6/8 II 14270 im Rahmen eines Kunstprojektes (wie die Kirche von Wassen) mit einem roten Tuch verhüllt. Foto: Hans Furgler

derausstellung im VHS und kam danach in das Depot Renens. Nach einer Aufarbeitung ihres Äußeren war sie anlässlich der Sonderausstellung »Krokodile auf dem Schienenstrang« von November 1978 bis November 1980 wieder im VHS und tauschte danach 1982 mit der Dampflokomotive C 5/6 2965 den Platz: Die Dampflokomotive kam in das VHS, die 14270 auf das »Sockelgleis« in Erstfeld. Da das Erscheinungsbild der Lokomotive sehr unter der rauen Witterung litt, ließen ihr die Lokomotivführer des Standortes Erstfeld 1993 eine Pinselrevision angedeihen. Während des Jubiläums zum 125-jährigen Bestehen der Gotthard-Strecke verschwand die Lokomotive – wie die Kirche von Wassen – im Rahmen eines Kulturprojektes unter einem roten Tuch. Es gab wiederholt Überlegungen, die Lokomotive nach Winterthur oder Oerlikon zu überführen, aber die Gemeinde Erstfeld wollte die touristische Attraktion behalten. 2010 erarbeitete der »Verein für Industriegeschichte in Oerlikon« ein Konzept für den Abtransport, das aber an den Kosten scheiterte wie auch Sanierungspläne durch die neue Besitzerin SBB Historic.

Am 15. Januar 2013 endete das Denkmal-Dasein der Ce 6/8 II 14270, denn nach mehrtägigen Vorarbeiten durch das Historic-Team in Erstfeld und eine Gruppe der SBB-Betriebswehr, die u. a. das Demontieren der Treibstangen und Bremsgestänge umfassten, wurde die Lokomotive von zwei Schienenkränen vom Sockel gehoben, auf die Schienen gesetzt und von einem Rangiertraktor in die alte Dampfremise des Depots gebracht. Die Zukunft der Lokomotive ist unklar, auch wenn ein Abbruch explizit ausgeschlossen ist; vielleicht wird sie durch SBB Historic äußerlich aufgearbeitet und sozusagen »unter Dach« wieder als Denkmal aufgestellt. Am bisherigen

»Krokodile auf dem Schienenstrang«

Um das 20-jährige Bestehen des Verkehrshauses der Schweiz (VHS) in Luzern gebührend zu feiern, fand dort von Oktober 1978 bis Dezember 1979 ein Lokomotivtreffen unter dem Thema »Krokodile auf dem Schienenstrang« statt. Auf dem Freigelände des Museums wurden »Krokodil-Lokomotiven« aus vier Ländern ausgestellt: Be 6/8 II 14270 und Be 6/8 III 14305 der SBB, Ge 4/4 (1)82 der RhB (»Bernina-Krokodil«), 1089.06 der ÖBB, 193 007 der DB und CC 14000 der SNCF.

Ort war sie der Umnutzung des Depots Erstfeld als Standort der Interventionsdienste für den Gotthard-Basistunnel im Weg.

Nach ihrer Ausrangierung 1973 wurde die Be 6/8 III 13302 als Leihgabe dem Modelleisenbahn-Club des Bezirks Horgen (MECH) anvertraut, dessen Betriebsgruppe das Fahrzeug hervorragend aufarbeitete, so dass es seit 1979 immer wieder im In- und Ausland unterwegs ist. Die Lokomotive behielt ihre grüne Farbe und die Bezeichnung Be 6/8 III 13302. 2009 erhielt sie das inzwischen vorgeschriebene Zugsicherungssystem ETM-S und kann schweizweit vor historischen Zügen eingesetzt werden. Besitzerin ist SBB Historic, die Betreuung erfolgt weiterhin durch die Betriebsgruppe des MECH, beheimatet ist das Fahrzeug in Rapperswil.

Be 6/8 II 13253 kam Mitte der Siebzigerjahre mit einem schweren Defekt in die damalige Hauptwerkstätte Bellinzona. Bei so alten Lokomotiven bedeutete das in der Regel die letzte Fahrt zum Abbruch in Biasca. Doch das Personal der Hauptwerkstätte führte an der Lokomotive eine zweite R3 durch, eine Maßnahme, die man nur sehr wenigen Fahrzeugen zubilligte. Die Be 6/8 II erhielt ihren ursprünglichen, braunen Anstrich und die Bezeichnung »Ce 6/8 II 14253« zurück, behielt aber die nachträglich eingebauten Verbesserungen, z. B. die Lüftungsgitter, stärkeren Puffer und Bremseinrichtungen. Im April 1976 wurde sie als »historisches Fahrzeug« in einem hervorragenden Zustand dem Depot Erstfeld übergeben.

Neben Einsätzen im In- und Ausland fuhr die Lokomotive jahrelang immer freitags mit einem Bierwagen nach Flüelen, um Stillstandschäden zu vermeiden. Die älteste, betriebsfähige Elektrolokomotive der SBB gehört heute SBB Historic und kann dank dem Einbau von EMT-S freizügig eingesetzt werden.

Nach dem Ende ihrer Karriere bei den SBB wurde die Be 6/8 II 13257 am 19. September 1979 an die Österreichischen Bundesbahnen ÖBB übergeben, welche im Gegenzug eines ihrer »Krokodile«, die 1089.06, zu der Sonderausstellung »Krokodile auf dem Schienenstrang« in das VHS schickten. Die 13257 wurde über Bludenz zu ihren »ÖBB-Halbschwe-

Die an die ÖBB abgegebene Be 6/8 II 13257 nahm an einer Lokparade anlässlich der Feierlichkeiten »150 Jahre Eisenbahn in Ungarn« teil und wurde am 13. Juli 1996 in Budapest Angyalföld zusammen mit der 1014.007 der ÖBB und der M42.001 der MAV bereitgestellt. Foto: Roland Beier

Be 6/8 II 13257 am 19. Oktober 2013 im Rundschuppen des Südbahn-Museums in Mürzzuschlag Foto: Erich Charwat

»Rangier-Krokodil« Ce 6/8 II 14267 am 20. Juli 2013 im Technik-Museum Speyer Foto: H.-B. Schönborn

stern« nach Attnang-Puchheim gebracht und von dort aus zu Sonderfahrten eingesetzt. Sie erhielt breite Stromabnehmer, Lampen nach ÖBB-Norm und rot lackierte Kuppelstangen sowie die ÖBB-Nummer 1189.10. Danach kam sie in die Hauptwerkstätte Linz. Anlässlich der 150-Jahr-Feiern im Jahre 1987 wollte die Zugförderungsleitung Wien-Süd eine Krokodilausstellung machen, zu der auch die Schweizer Lokomotive nach Wien gebracht wurde. Im gleichen Jahr war die Lokomotive auch im Bahnhof Wien-Nord ausgestellt. Nach dem Tausch des Transformatorenöls fuhr das »Krokodil« aus eigener Kraft am 7. Juli 1988 von der Hauptwerkstätte Floridsdort nach Wien-Süd. Aufgrund des großen Interesses wurde eine Wiederinbetriebnahme überlegt, die technisch kein großes Problem gewesen wäre, aber die Lokomotive war – wie alle Museumslokomotiven – in den Besitz des Wissenschaftsministeriums übergegangen, und die Verhandlungen führten zu keinem positiven Ergebnis. Am 7. November 1993 kam die Lokomotive in die Zugförderungsleitung Floridsdorf zu anderen Museumslokomotiven. Auf Bitten der SBB konnte die Be 6/8 II zum Jubiläum der Ungarischen Eisenbahnen 1996 nach Budapest gebracht werden. Auf Initiative des Technischen Museums wurde sie 1998 in das Eisenbahnmuseum Strasshof überstellt und kam anlässlich des »Festes der Krokodile« am 1. Juni 2008 mittels eines Hilfszuges nach Mürzzuschlag am Fuße der Semmering-Bahnstrecke. Heute befindet sie sich im Besitz des Südbahn-Museums, das vom »Verein der Freunde der Südbahn« getragen wird, und steht – mit silber gestrichenen Treibstangen und der Bezeichnung »Be 6/8 II 13257« – in nicht betriebsfähigem Zustand im Rundlokschuppen des Museums, denn der Kompressormotor ist abgebrannt, und die Zulassungsbedingungen sind abgelaufen.

Nach ihrer Ausrangierung im Jahre 1976 genehmigte sich die Be 6/8 III 13305 einen dreijährigen Dornröschen-Schlaf, bevor sie im Lokomotivdepot Basel mustergültig abgearbeitet wurde. Bei der Aufarbeitung erhielt sie die ursprüngliche Bezeichnung Ce 6/8 III 14305 zurück und wurde in den Bestand der historischen Fahrzeuge aufgenommen. Von Basel aus unternahm sie immer wieder Sonderfahrten. Heute gehört sie SBB Historic, ist in dem neu ausgebauten Lokomotivdepot Olten beheimatet und kann durch den Einbau von ETM-S freizügig eingesetzt werden.

1982 zog die Be 6/8 II 13254 nach ihrer Ausrangierung und einer optischen Aufarbeitung in das VHS ein, wo sie zusammen mit ihrer kleineren Schwester, der Ge 6/6 402 der Rhätischen Bahn, in der Halle Schienenverkehr gleich beim neu gestalteten Eingang die Besucher begrüßt. Die Be 6/8 II 13254 gehört SBB Historic.

1984 wurde die Ce 6/8 II 14282 – zusammen mit dem ÖBB-Krokodil 1089.06 – an die »Historische Eisenbahn Frankfurt (am Main) e. V.« abgegeben und ist seit 1991 im »Auto- und Technik-Museum Sinsheim« (Deutschland) ausgestellt. Dass die tannengrüne SBB-Lokomotive im Gegensatz zu ihrer österreichischen Schwester rote Triebstangen hat, dürfte vielen Museumsbesuchern nicht auffallen, doch es ärgert die »richtigen Fans«.

Ce 6/8 II 14282 am 19. Oktober 2013 im Auto- und Technik-Museum Sinsheim
Foto: H.-B. Schönborn

Die zurzeit nicht betriebsfähige Ce 6/8 II 14276 des Clubs »San Gottardo« in Mendrisio
Foto: Cyrill Seifert

Be 6/8 II 13254 am 9. August 2013 im VHS in Luzern, dahinter Ge 6/6 402 der RhB
Foto: H.-B. Schönborn

Ce 6/8 II 14270 wird am 15. Januar 2013 vom Sockelgleis in Erstfeld gehoben.
Foto: Carl Waldis

Ebenfalls 1984 erhielt die »Historische Eisenbahn Frankfurt e. V. » die Ce 6/8 II 14267, die seit 1991 im »Technik-Museum« in Speyer (Deutschland) steht. Das braune »Rangier-Krokodil« hat angebaute Plattformen für das Rangierpersonal, aber auch zwei Stromabnehmer, was nicht richtig ist.

Nach 67 Jahren planmäßigem Einsatz, darunter vielen Jahren im Rangierdienst, beendete die Ce 6/8 II 14276 als letztes Krokodil 1986 ihre Tätigkeit. Ihre letzte Fahrt führte ins Tessin nach Mendrisio, wo sie dem Verein »Club del San Gottardo« übergeben wurde. Dort hatte der Verein ursprünglich sein Domizil und bot gelegentlich Sonderzüge im Tessin an. Dabei wurde elektrisch bis nach Mendrisio gefahren, danach mit Dampf über die Grenze bis ins italienische Valmorea. Heute ist diese Linie nicht mehr befahrbar und ab Stabio stillgelegt. Seit 2017 nennt sich der Verein Associazione CSG Swiss Railpark St. Gotthard und verlegte bis Ende 2020 sein Domizil nach Biasca, wo sich eine Reihe interessanter Fahrzeuge befindet. Dazu zählt auch die Ce 6/8 II 14276, die dort äußerlich in einem guten Zustand, aber derzeit nicht betriebsfähig eingestellt ist.

Lebenslauf der elektrischen SBB-Lokomotiven vom Typ Ce 6/8 und Be 6/8

Typ	Hersteller/Fabrik-Nr.	Ort und Jahr der Übergabe	1. BetrNr.	Farbe	Typ	2. BetrNr.	seit	Typ	3. BetrNr.
Probelokomotive									
Ce 6/8 I	SLM 2649; BBC 1205	Mst 1919	12201	braun	Ce 6/8 I	14201	1920		
Erste Generation									
Ce 6/8 II	SLM/2671; MFO	Oer 1919	12251	braun	Ce 6/8 II	14251	1920	Be €/8 II	13251
Ce 6/8 II	SLM 2672; MFO	Oer 1919	12252	braun	Ce 6/8 II	14252	1920	Be €/8 II	13252
Ce 6/8 II	SLM 2673; MFO	Oer 1920	12253	braun	Ce 6/8 II	14253	1920	Be 6/8 II	13253
Ce 6/8 II	SLM 2674; MFO	Oer 1920	14254	braun	Be 6/8 II	13254	1944		
Ce 6/8 II	SLM 2675; MFO	Oer 1920	14255	braun	Be 6/8 II	13255	1946		
Ce 6/8 II	SLM 2676; MFO	Oer 1920	14256	braun	Be 6/8 II	13256	1943		
Ce 6/8 II	SLM 2677; MFO	Oer 1920	14257	braun	Be 6/8 II	13257	1947		
Ce 6/8 II	SLM 2678; MFO	Oer 1920	14258	braun	Be 6/8 II	13258	1944		
Ce 6/8 II	SLM 2679; MFO	Oer 1920	14259	braun	Be 6/8 II	13259	1944		
Ce 6/8 II	SLM 2680; MFO	Oer 1920	14260	braun	Ce 6/8 II	14284	1949		
Ce 6/8 II	SLM 2697; MFO	Oer 1921	14261	braun	Be 6/8 II	13261	1944		
Ce 6/8 II	SLM 2698; MFO	Oer 1921	14262	braun	Ce 6/8 II	14285	1948		
Ce 6/8 II	SLM 2699; MFO	Oer 1921	14263	braun	Be 6/8 II	13263	1945		
Ce 6/8 II	SLM 2700; MFO	Oer 1921	14264	braun	Be 6/8 II	13264	1945		
Ce 6/8 II	SLM 2701; MFO	Oer 1921	14265	braun	Be 6/8 II	13265	1942		
Ce 6/8 II	SLM 2702; MFO	Oer 1921	14266	braun					
Ce 6/8 II	SLM 2703; MFO	Oer 1921	14267	braun					
Ce 6/8 II	SLM 2704; MFO	Oer 1921	14268	braun					
Ce 6/8 II	SLM 2705; MFO	Oer 1921	14269	braun					
Ce 6/8 II	SLM 2706; MFO	Oer 1921	14270	braun					
Ce 6/8 II	SLM 2730; MFO	Oer 1921	14271	braun					
Ce 6/8 II	SLM 2731; MFO	Oer 1921	14272	braun					
Ce 6/8 II	SLM 2732; MFO	Oer 1921	14273	braun					
Ce 6/8 II	SLM 2771; MFO	Oer 1922	14274	braun					
Ce 6/8 II	SLM 2772; MFO	Oer 1922	14275	braun					
Ce 6/8 II	SLM 2773; MFO	Oer 1922	14276	braun					
Ce 6/8 II	SLM 2774; MFO	Oer 1922	14277	braun					
Ce 6/8 II	SLM 2775; MFO	Oer 1922	14278	braun					
Ce 6/8 II	SLM 2776; MFO	Oer 1922	14279	braun					
Ge 6/8 II	SLM 2777; MFO	Oer 1922	14280	braun					
Ce 6/8 II	SLM 2778; MFO	Oer 1922	14281	braun					
Ce 6/8 II	SLM 2779; MFO	Oer 1922	14282	braun					
Ce 6/8 II	SLM 2780; MFO	Oer 1922	14283	braun					
Zweite Generation									
Ce 6/8 III	SLM 3072; MFO	Oer 1926	14301	braun	Be 6/8 III	13301	1956		
Ce 6/8 III	SLM 3073; MFO	Oer 1926	14302	braun	Be 6/8 III	13302	1956		
Ce 6/8 III	SLM 3074; MFO	Oer 1926	14303	braun	Be 6/8 III	13303	1956		
Ce 6/8 III	SLM 3075; MFO	Oer 1926	14304	braun	Be 6/8 III	13304	1956		
Ce 6/8 III	SLM 3076; MFO	Oer 1926	14305	braun	Be 6/8 III	13305	1956		
Ce 6/8 III	SLM 3077; MFO	Oer 1926	14306	braun	Be 6/8 III	13306	1956		
Ce 6/8 III	SLM 3078; MFO	Oer 1926	14307	braun	Be 6/8 III	13307	1956		
Ce 6/8 III	SLM 3979; MFO	Oer 1926	14308	braun	Be 6/8 III	13308	1956		
Ce 6/8 III	SLM 3080; MFO	Oer 1926	14309	braun	Be 6/8 III	13309	1956		
Ce 6/8 III	SLM 3111; MFO	Oer 1927	14310	braun	Be 6/8 III	13310	1956		
Ce 6/8 III	SLM 3112; MFO	Oer 1927	14311	braun	Be 6/8 III	13311	1956		
Ce 6/8 III	SLM 3113; MFO	Oer 1927	14312	braun	Be 6/8 III	13312	1956		
Ce 6/8 III	SLM 3114; MFO	Oer 1927	14313	braun	Be 6/8 III	13313	1956		
Ce 6/8 III	SLM 3115; MFO	Oer 1927	14314	braun	Be 6/8 III	13314	1956		
Ce 6/8 III	SLM 3116; MFO	Oer 1927	14315	braun	Be 6/8 III	13315	1956		
Ce 6/8 III	SLM 3117; MFO	Oer 1927	14316	braun	Be 6/8 III	13316	1956		
Ce 6/8 III	SLM 3118; MFO	Oer 1927	14317	braun	Be 6/8 III	13317	1956		
Ce 6/8 III	SLM 3119; MFO	Oer 1927	14318	braun	Be 6/8 III	13318	1956		

Bemerkungen: Mst = Münchenstein; Oer = Zürich-Oerlikon; Rd = Rangierdienst

Farbe	seit	Ausrangierung	Bemerkungen
grün	ca. 1951	31.05.1982	ab 1968 Bremsversuchslok; ab 1972 braun; ab 1983 an VHS; heutiger Standort: Erstfeld; nicht betriebsfähig; Besitzerin: SBB Historic
grün	1943	31.12.1974	
grün	1942	31.12.1968	16.12.1968 Unfall in Wollishofen, danach Abbruch
grün	1947	30.04.1976	ab 1976 hist. Fz. in Braun; einsatzbereit (mit ETM-S); Besitzerin: SBB Historic
grün	1944	31.05.1982	ab 1983 VHS; nicht betriebsfähig; Besitzerin: SBB Historic
grün	1946	31.12.1978	
grün	1943	30.11.1980	Stufenschalterexplosion in Lavorgo; Kasten von 14266 erhalten
grün	1947	31.07.1978	seit 1978 bei ÖBB; Kasten von 14260 erhalten; museal im Rundlokschuppen des »Südbahn-Museums« Mürzzuschlag
grün	1944	30.09.1975	
grün	1944	31.12.1974	
grün	ca. 1949	28.02.1965	nicht umgebaut, aber neue Betriebsnummer; Kasten an 13257
grün	1944	31.08.1968	
grün	ca. 1948	30.06.1968	nicht umgebaut, aber neue Betriebsnummer
grün	1945	28.03.1973	
grün	1945	30.11.1973	
grün	1942	28.02.1974	
grün	ca. 1945	31.10.1965	nicht umgebaut; 1966 Kasten an 13256; Rest Umbau in Schienenschleiffahrzeug
grün	ca. 1945	31.12.1983	03.1971 Umbau Rd; 1984 an Hist. Eisenbahn Frankfurt (am Main) e. V.; 1991 an Technik-Museum Speyer (Deutschland)
grün	ca. 1945	31.08.1967	nicht umgebaut
grün	ca. 1945	31.07.1981	22.02.1948 Unfall in Wädenswil (Rampe SOB); 02.1969 Umbau Rd
grün	ca. 1945	31.08.1969	bis 15.01.2013 Denkmal in Erstfeld; nicht betriebsfähig; Besitzerin: SBB Historic
grün	ca. 1945	31.12.1966	nicht umgebaut
grün	ca. 1945	31.01.1971	letzte Ce 6/8 II im Originalzustand
grün	ca. 1945	31.07.1966	nicht umgebaut
grün	ca. 1945	31.01.1980	02.1965 Umbau Rd
grün	ca. 1945	31.12.1980	03.1965 Umbau Rd
grün	ca. 1945	31.03.1986	09.1965 Umbau Rd; 1986 an Club San Gottardo Mendrisio; seit 2017 Associazione CSG Swiss Railpark St. Gotthard, nicht betriebsfähig in Biasca
grün	ca. 1945	30.11.1968	04.1966 Umbau Rd; 12.11.1968 Unfall in Grandvaux, danach Abbruch
grün	ca. 1945	31.10.1983	01.1967 Umbau Rd
grün	ca. 1945	31.07.1971	02.10.1942 Kollision in Tüscherz; 09.09.1943 Fliegerangriff bei Rafz; 08.1965 Umbau Rd; 27.06.1971 Unfall in Amsteg
grün	ca. 1945	31.12.1980	02.1966 Umbau Rd
grün	ca. 1945	31.01.1981	06.1966 Umbau Rd
grün	ca. 1945	30.11.1982	02.1966 Umbau Rd; 1984 an Hist. Eisenbahn Frankfurt (am Main) e. V.; 1991 an Auto- und Technik-Museum Sinsheim (Deutschland)
grün	ca. 1945	31.07.1978	11.1967 Umbau Rd
grün	ca. 1950	31.03.1976	
grün	ca. 1950	31.12.1976	seit 1977 als Dauerleihgabe bei MECH; einsatzbereit (mit ETM-S); Besitzerin: SBB Historic
grün	ca. 1950	30.04.1977	27.05.1950 Frontalkollision mit Ae 4/6 bei Maroggia-Melano
grün	ca. 1950	31.12.1974	29.07.1941 Unfall Gotthard
grün	ca. 1950	31.07.1979	seit 1976 hist. Fz. als Ce 6/8 III; einsatzbereit (mit ETM-S); Besitzerin: SBB Historic
grün	ca. 1950	31.01.1968	30.10.1963 Flankenfahrt in Basel mit Ce 6/8 I 14201
grün	ca. 1950	31.10.1973	
grün	ca. 1950	30.04.1972	
grün	ca. 1950	31.05.1967	
grün	ca. 1951	31.08.1973	
grün	ca. 1951	31.05.1968	
grün	ca. 1951	31.03.1970	
grün	ca. 1951	30.11.1972	
grün	ca. 1951	31.08.1970	
grün	ca. 1951	28.02.1968	
grün	ca. 1951	31.12.1971	
grün	ca. 1951	31.10.1973	
grün	ca. 1951	30.06.1967	

2 DIE GEBIRGS-KROKODILE IN ÖSTERREICH UND DEUTSCHLAND

1189.09 fuhr am 31. August 1971 mit dem Eilzug E 700 in Bad Ischl ein. Rechts steht ein österreichisches Formsignal. Foto: Herbert Stemmler

2.1 Die österreichischen »Halbschwestern« der Reihen 1100 und 1100.1

Die Bundesbahnen Österreichs (BBÖ) benötigten zu Beginn der Zwanzigerjahre des 20. Jahrhunderts elektrische Schnellzuglokomotiven für die Rampenstrecken der Arlbergbahn Innsbruck – Landeck – Bludenz. Da es damals zum Stangenantrieb noch keine echte Alternative gab, entschieden sich die BBÖ für eine Bauart nach Schweizer Vorbild, die Ce 6/8 II der SBB. Der wesentliche Unterscheid zum »Vorbild« bestand in dem einfacheren Schubstangen-Antrieb, bei dem Kuppelstangen, die auf der gleichen Höhe in einer Reihe liegen, die Blindwelle und die drei Treibachsen verbinden.

Die Wiener Lokomotivfabrik Floridsdorf (WLF) (mechanischer Teil) und BBC (elektrischer Teil) lieferten 1923/24

Am 12. April 1976 waren in Attnang-Puchheim 1189.05 mit einem Personenzug sowie 1189.04 und 1045.03 mit einem Güterzug, wobei bei dieser Doppeltraktion zwei Lokomotivführer erforderlich waren, weil die Lokomotiven keine Vielfachsteuerung hatten. Foto: Erich Charwat

insgesamt sieben Lokomotiven der Reihe 1100. Obwohl Offerten für Elloks mit moderneren Antriebskonzepten vorlagen, bestellten die BBÖ 1925 weitere neun Maschinen der Reihe 1100.1, die etwas leistungsfähiger, schwerer und länger waren. Die Fahrzeuge wurden zunächst in Innsbruck, später auch in Salzburg beheimatet und dann nicht nur auf der Arlberg-, sondern auch auf der Tauern-Strecke eingesetzt, deren Nordrampe ab 1933 elektrisch betrieben wurde.

Die ursprünglich nach einem alpenländischen Fabeltier als »Tatzelwurm« bezeichneten BBÖ-Lokomotiven wiesen die Achsfolge 1´C+C1´und ein weitgehend mit den Ce 6/8 II identisches Grundkonzept auf. Sie waren etwas länger, aber rund 13 Tonnen leichter als die Vorbilder. Denn es wurde auf den Einbau einer Rekuperationsbremse verzichtet. Eine Saugluftbremse nach dem »System Hardy« wirkte mit doppelten Klötzen auf alle Treibachsen.

Am Lokomotivkasten fallen die unten an den Außenseiten platzierten Rohrschlangen für die Ölumlaufkühlung des Transformators auf. Ebenfalls auffällig sind die seitlich angebrachten Klappen im vorderen Bereich der Vorbauten, die geöffnet werden können, um die dort befindlichen Vakuumpumpen und Kompressoren stärker zu belüften. Der Transformator versorgt vier zwölfpolige Reihenschluss-Kollektor-Fahrmotoren über eine 18-stufige Schaltvorrichtung mit Strom, wobei jeweils eine volle Umdrehung mit dem senkrecht am Führertisch angebrachten Handrad einer Stufe zum Beschleunigen oder Verlangsamen entspricht.

Die wichtigsten Unterschiede der Reihe 1100.1 zur Reihe 1100 sind die geringere Motorspannung, die auf 1900 kW erhöhte Leistung, die verbesserte Kühlung des Transformators und die geänderte Getriebeübersetzung, die eine Höchstgeschwindigkeit von 75 km/h ermöglichte.

Nachdem Österreich 1938 an das Deutsche Reich »angeschlossen« worden war, zeichnete die Deutsche Reichsbahn die Lokomotiven in E 89 (1100) und E 89.1 (1100.1) um. Im Zweiten Weltkrieg wurden E 89 001 und 007 schwer beschädigt, doch E 89 001 von den nach dem Krieg gegründeten Österreichischen Bundesbahnen (ÖBB) wieder aufgebaut. 1953 wiesen die ÖBB den Fahrzeugen die Reihennummern 1089 (1100) und 1189 (1100.1) zu. Bis 1979 waren alle Ma-

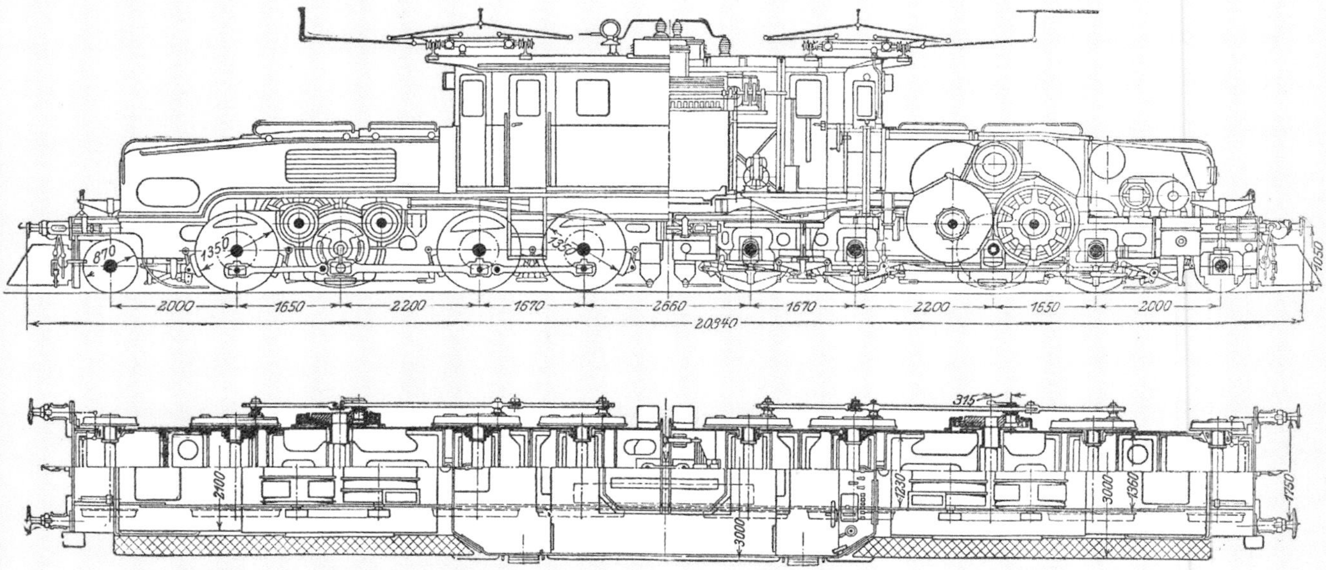

Typenskizze einer 1100 der ÖBB von der Seite und von oben **Skizze: Archiv Herbert Stemmler**

Die wichtigsten technischen Daten der ÖBB-Reihen 1089, 1189 und 1020

Reihenbezeichnung BBÖ	1100	1100.1	---
Reihenbezeichnung DR (ab 1938)	E 89	E 89.1	E 94
Reihenbezeichnung ÖBB (ab 1953)	1089	1189	1020
Betriebsnummern	01–07	01–09	01–47
Indienststellung	1923/24	1926/27	1939–1952
Stückzahl	7 (BBÖ) / 6 (ÖBB)	9	44 + 3
Achsfolge	1´C+C1´	1´C+C1´	Co´Co´
Spurweite	1435 mm	1435 mm	1435 mm
Länge über Puffer	22350 mm	22400 mm	18600 mm
Höhe mit gesenktem Stromabnehmer	4555 mm	4555 mm	4555 mm
Anzahl Treibachsen	sechs	sechs	sechs
Treibrad-Durchmesser (neu)	1350 mm	1350 mm	1250 mm
Anzahl Laufachsen	zwei	zwei	0
Laufrad-Durchmesser (neu)	870 mm	870 mm	---
Übersetzung der Zahnradgetriebe	1 : 3,286	1 : 3,13	1 : 3,95
Antriebsart Fahrmotor–Treibachse	Gruppenantrieb mit Vorgelege	Gruppenantrieb mit Vorgelege	Tatzlager
Dienstmasse	113,6 t	116 t	120 t
Stromspannung	15 kV / 16,7 Hz	15 kV / 16,7 Hz	15 kV / 16,7 Hz
Anzahl Fahrmotoren	vier	vier	sechs
Maximale Anzugkraft	220 kN	224 kN	320 kN
Dauerleistung	1600 kW	1740 kW	3000 kW
bei	57 km/h	60 km/h	70 km/h
Höchstgeschwindigkeit	65 km/h	75 km/h	75 km/h
Fern- / Vielfachsteuerung	keine	keine	keine
Bremsen	Vakuum, später Druckluft	Vakuum, später Druckluft	einlösige Druckluftbremse, Widerstandsbremse

1189.02, das einzige ÖBB-»Krokodil« in Orange, führte am 27. Mai 1975 einen Güterzug in Attnang-Puchheim. Die Lüftungsklappe am Vorbau war geöffnet.
Foto: Erich Charwat

schinen ausgemustert, denn das Schmieren des Antriebs erforderte einen zweiten Mann zum Führen der Lokomotiven.

Drei Lokomotiven der Reihe 1100 hielten sich einige Zeit in der Schweiz auf: 1100.03 im Herbst 1923 zu Probefahrten auf der Gotthard-Strecke, E 89 002 und 006 von 1946 bis 1948, damit die Hauptwerkstätte Zürich die schweren Kriegsschäden beheben und eine Hauptuntersuchung durchführen konnte. Da Österreich nach dem Zweiten Weltkrieg aufgrund der prekären finanziellen Situation die Reparaturkosten nicht bezahlen konnte, mussten die Lokomotiven ihre Instandsetzung »abverdienen«, wobei sie vor allem mit Güterzügen auf der Strecke Buchs (SG) – Sargans – Zürich eingesetzt wurden. 30 Jahre später kam eine Lokomotive, jetzt als 1089.06 bezeichnet, im Tausch mit der SBB-Be 6/8 II 13257 wieder in die Schweiz und stand ab 1979 anlässlich der Sonderausstellung »Krokodile auf dem Schienenstrang« im VHS, bevor sie nach einer längeren Remisierung in Neuchâtel und einer äußerlichen Auffrischung im Depot Biel 1989 an die »Historische Eisenbahn Frankfurt (am Main) e. V.« abgegeben und seit 1991 im »Auto- und Technik-Museum Sinsheim« (Deutschland) ausgestellt ist.

Ab 1960 wurden alle »ÖBB-Krokodile« der Zugförderungsleitung Attnang-Puchheim zugeteilt und befuhren vor allem die Salzkammergutstrecke nach Stainach-Irdning mit Personen- und Güterzügen. Die 1089.03 war 1968 als Ersatzteilspender ausgemustert worden, und am 23. November 1979 schied die 1189.05 als letztes »Krokodil« aus dem offiziellen Betrieb aus.

Bis heute ist die 1189.02 als historisches Fahrzeug erhalten geblieben, war lange noch in Wien beheimatet und wurde für Nostalgiezüge eingesetzt. Sie erhielt ihre alte Betriebsnummer 1100.102 zurück und hatte als einziges Fahrzeug der Reihe bereits in den Siebzigerjahren einen blutorangenen Anstrich bekommen. 2021 wurde sie von

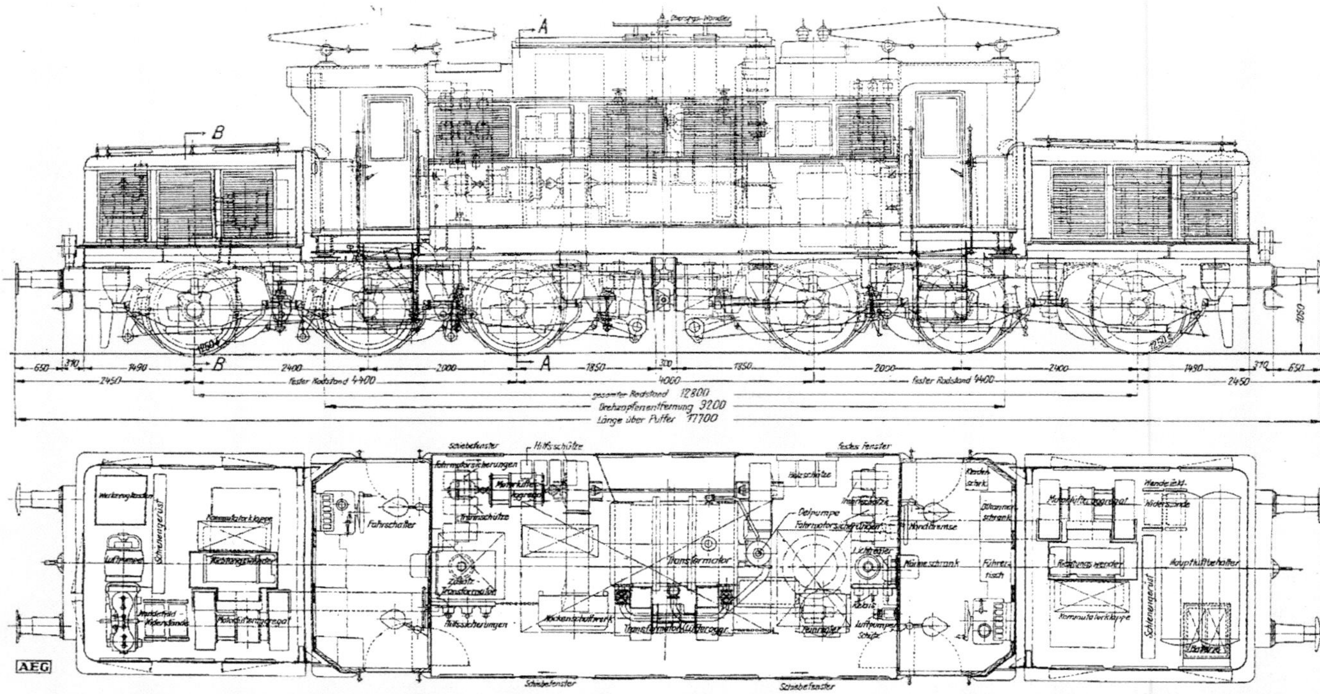

Typenskizze einer E 93 der DR (193 der DB) von der Seite und von oben

Skizze: Archiv Herbert Stemmler

Die wichtigsten technischen Daten der E 93 und E 94

Typenbezeichnung DR (bis 1945)	E 93	E 94
Typenbezeichnung DB	193	194
Typenbezeichnung DR (DDR)	---	254
Typenbezeichnung ÖBB	---	1020
Betriebsnummern DR	01–18	001–196 (mit Lücken)
Betriebsnummern DB	001–018	012–196 (mit Lücken), 141–142, 262–285
ab 1970	001–018	012–196 (mit Lücken), 541–542, 562–585
Betriebsnummern ÖBB	---	01–47
Baujahre	1933 –1939	1940–1945, 1954–1956
Stückzahl	18	197 als E 94 gebaut, 3 als ÖBB-1020
Achsfolge	Co´Co´	Co´Co´
Spurweite	1435 mm	1435 mm
Länge über Puffer	17700 mm	18600 mm
Höhe mit gesenktem Stromabnehmer	4560 mm	4560 mm
Anzahl Treibachsen	sechs	sechs
Treibrad-Durchmesser (neu)	1250 mm	1250 mm
Übersetzung der Zahnradgetriebe	1 : 3,95	
Antriebsart	Tatzlager	Tatzlager
Dienstmasse	117 t	119 t
Stromspannung	15 kV / 16,7 Hz	15 kV / 16,7 Hz
Anzahl Fahrmotoren	sechs	sechs
Stundenleistung	2502 kW	3300 kW / 4680 kW[2]
bei	57 km/h	67 km/h
Dauerleistung	2214 kW	3000 kW
Maximale Anzugkraft	353 kN	363 kN
Höchstgeschwindigkeit	65 / 70[1] km/h	90 / 100[2] km/h
Zugsicherung	Sifa	Sifa

Anmerkung: [1] 70 km/h bei E 93 05–18 [2] seit 1970 für E 94.5

Eine Lokomotive der DB-Baureihe 193 befand sich am 27. Oktober 1972 nach einem Schiebedienst auf der Rückfahrt nach Geislingen und begegnete auf der Geislinger Steige der 141 210 mit einem Eilzug in Richtung Ulm. Foto: Herbert Stemmler

Wien West zur ÖGEG nach Ampflwang überstellt. 1189.05 befindet sich im Eisenbahnmuseum Strasshof, die 1089.06 steht seit 1989 im Auto- und Technikmuseum Sinsheim. 1189.09 stand zunächst seit der Eröffnung des Güterbahnhofs in Wolfurt (1983) als motorloses Denkmal vor dem Zollgebäude und wurde später als Dauerleihgabe der ÖGEG für das Eisenbahn- und Bergbau-Museum in Ampflwang überlassen.

2.2 Die »schwäbischen Krokodile« der Baureihe E 93

Als 1933 die mit 22,5 Promille Steigung anspruchsvolle Geislinger Steige auf der Strecke Stuttgart – Ulm elektrifiziert wurde, brauchte die Deutsche Reichsbahn (DR) leistungsfähige Güterzug-Lokomotiven und legte im Pflichtenheft fest, dass die sechsachsigen Drehgestell-Lokomotiven ohne Laufachsen, also mit der Achsfolge Co´Co´, bis Geislingen-West Züge bis 1600 Tonnen, ab Geislingen-West über die Steilrampe mit Unterstützung einer Schiebelokomotive bis 1200 Tonnen befördern sollten. In der Gegenrichtung sollten auf der Rampe von Ulm nach Beimerstetten Anhängelasten bis 1100 Tonnen ohne Schiebelokomotive möglich sein. Die Höchstgeschwindigkeit sollte bei 65 km/h liegen, was der Geschwindigkeit damaliger Schnellgüterzüge entsprach. Da das Pflichtenheft sehr stark auf die Gegebenheiten auf der Geislinger Steige ausgerichtet war, erhielten die E 93 bald den Spitznamen »schwäbische Krokodile«. Die Industrie entschied sich für einen Tatzlager-Antrieb, da mit der Versuchslokomotive E 44 001 gute Erfahrungen gemacht worden waren. Die beiden dreiachsigen Drehgestelle mit angebauter Pufferbohle waren fest mit den niedrigen Vorbauten verbunden, die den geschweißten Brückenrahmen mit dem Lokomotivkasten trugen. Dieser enthielt neben den Führerständen die wichtigen Komponenten der elektrischen Ausrüstung, den Transformator, das Nockenschaltwerk der Steuerung, die Ölpumpe und die vier inneren Fahrmotoren.

In den beiden Vorbauten befanden sich die äußeren Fahrmotoren samt Ventilatoren, die Richtungswender und die Wendefeldwiderstände. Die zweimal drei Motoren, die direkt auf den beiden Drehgestellen ruhten, übertrugen ihr Drehmoment mittels eines Tatzlagers auf die sechs Achsen. Damit die Längskräfte nicht von der Lokomotivbrücke übertragen werden mussten, waren die Triebdrehgestelle durch Kuppeleisen miteinander verbunden, die zugleich zu einer größeren Stabilität des Fahrzeugs und zum besseren Schutz vor Entgleisungen führen sollten. Erstmals zählte zur serienmäßigen Ausrüstung von Lokomotiven auch die BBC-Sicherheitsfahrschaltung.

AEG lieferte 1933 die E 93 01 und 02 in den graublauen Reichsbahn-Farben ab, die bis 1959 gültig blieben. Die beiden Fahrzeuge wurden im Betriebswerk Kornwestheim bei Stuttgart beheimatet und dort einer gründlichen Erprobung unterzogen. Bis Ende 1937 kamen elf weitere, geringfügig verstärkte E 93 nach Kornwestheim, während die E 93 14–18 zunächst in Halle bzw. in Leipzig-Wahren, nach der Auslieferung der E 94 in Rosenheim stationiert wurden.

Im Zweiten Weltkrieg wurden mehrere E 93 durch Bombentreffer oder Fliegerbeschuss beschädigt, doch ab 1947 waren alle wieder im Einsatz und den Standorten Kornwestheim, Geislingen und Ulm zugeteilt. 1951 kamen die Ulmer E 93 nach Kornwestheim, 1958 diejenigen aus Geislingen, so dass alle E 93 in Kornwestheim beheimatet waren und bis zu ihrer Ausmusterung auch blieben. Einsatzgebiet waren die Güterzüge von Stuttgart nach München und nach der Elektrifizierung der entsprechenden Strecken nach Würzburg, Nördlingen und Mannheim sowie der Schiebedienst auf der Geislinger Steige.

Ab 1968 wurden die Lokomotiven zur Baureihe 193 umgezeichnet und 1976 von der DB aus dem Unterhaltungsbestand gestrichen. Sieben Maschinen wurden sogleich ausgemustert, doch für den Schiebedienst brauchte man noch immer die E 93, bis im Juni 1984 auch die 193 006 als letztes Fahrzeug der Baureihe abgestellt wurde.

Drei E 93 blieben erhalten: 193 007 wird im DB Museum Koblenz für die Nachwelt bewahrt. 193 008 stand bis 9. Dezember 2022 als Denkmal auf dem Gelände des Gemeinschaftskraftwerks Neckarwestheim und befindet sich seitdem in der Eisenbahn-Erlebniswelt Horb. 193 012 kam zunächst in das DGEG-Eisenbahnmuseum in Neustadt (Weinstraße) und 2007 zur rollfähigen Aufarbeitung nach Ettlingen, wo sie weiterhin in einer Betriebshalle der Albtal-Verkehrs-Gesellschaft abgestellt ist.

2.3 Die »deutschen Krokodile« der Baureihe E 94

Um mehr Fahrzeuge für schwere Güterzüge zu haben und um auf relativ steilen Rampenstrecken, z. B. der Geislinger Steige, der Frankenwaldbahn, aber auch der Arlberg- und Tauernbahn in Österreich, mehr Züge (im Schiebedienst) befördern zu können, aber auch um die Fahrzeiten der Güterzüge zu verkürzen, erteilte die DR 1937 den Auftrag für zunächst elf Gelenklokomotiven der Baureihe E 94, einer Weiterentwicklung der E 93. Gemäß Pflichtenheft sollten die E 94 Güterzüge von 2000 Tonnen in der Ebene mit 85 km/h, von 1600 Tonnen über 10-Promille-Steigungen mit 40 km/h, von 1000 Tonnen über 16 Promille mit 50 km/h und von 600 Tonnen über 25-Promille-Rampen mit 50 km/h befördern können. Die Höchstgeschwindigkeit von 90 km/h sollte auch das Führen von Eilgüter- und Reisezügen ermöglichen.

Die Fahrzeuge der Baureihe E 94 mit der Achsfolge Co´Co´ und einer Leistung von 3090 kW unterschieden sich augenfällig von ihren Vorgängerinnen durch die fischbauchförmigen, gelochten Längsträger des Brückenrahmens, die anderen Stirnfenster und die größere Anzahl von Lüftungsgittern an den Seiten. Außerdem waren das Fahrverhalten und die Federung verbessert, die beiden Triebgestelle durch zwei Kuppeleisen verbunden und der Radsatzabstand verlän-

Hübsch restauriert stand die 193 008-0 bis 9. März 2022 als Denkmal-Lokomotive zusammen mit einem Formsignal am 19. Oktober 2013 auf dem Gelände des Gemeinschaftskraftwerks Neckarwestheim (GKN), das auch Strom an die DB AG liefert. Mittlerweile ist sie in der Eisenbahn-Erlebniswelt in Horb zu Hause. Foto: H.-B. Schönborn

gert worden. Um die Radreifen und Bremsanlagen zu schonen sowie die Bremsleistung für den Einsatz auf den Gebirgsstrecken in Österreich zu erhöhen, wurde zusätzlich eine fremderregte, elektrische Widerstandsbremse eingebaut.

Vom zuständigen Reichshauptausschuss wurden die E 94 als »Kriegslokomotiven« (KEL 2) eingestuft, so dass die Produktion auch während des Zweiten Weltkrieges weiterlief. Man muss jedoch festhalten, dass die erste E 94 erst im Frühjahr 1940 fertiggestellt und nach Innsbruck geschickt wurde. Die Fahrzeuge kamen in der Folgezeit vor allem in Mittel- und Süddeutschland sowie Österreich zum Einsatz und waren zunehmend ein Ziel für gegnerische Luftangriffe, so dass auch Fahrzeuge, die offiziell nicht einmal abgenommen waren, als »Totalschaden« verschrottet werden mussten.

Bis 1945 lieferten AEG, Siemens, später auch Elin (elektrischer Teil) sowie Krauss-Maffei, Henschel und WLF von den 285 bestellten offiziell 146 Maschinen aus, nämlich die Betriebsnummern E 94 001–136, 145 und 151–159. Eine von den Alliierten nach Kriegsende durchgeführte Zählung ergab folgenden Bestand: Westzonen 65, Ostzone 17, Westberlin 1, Schlesien 11, Österreich 46, Tschechoslowakei 2 Einheiten. Also hatten 142 E 94 den Krieg »überlebt«,

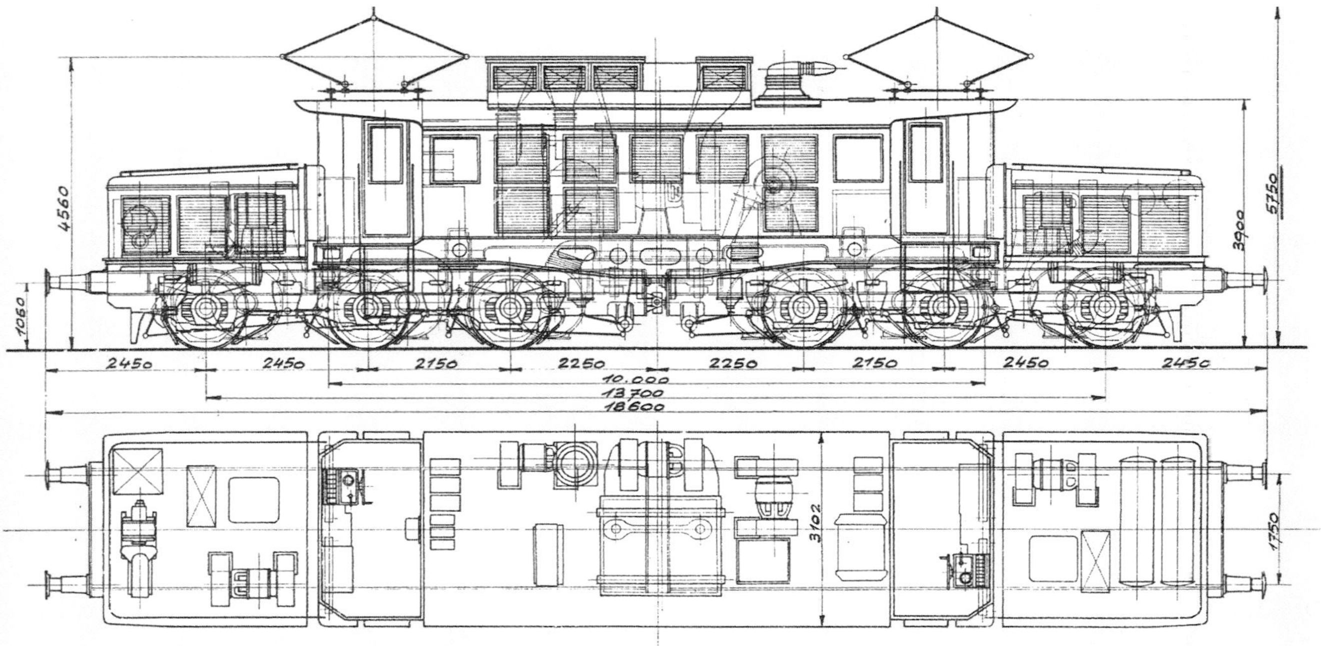

Typenskizze einer E 94 der DR (194 der DB) von der Seite und von oben

Skizze: Archiv Herbert Stemmler

194 137-6 schob am 10. Juli 1984 einen schweren Güterzug auf der Geislinger Steige bergwärts nach.

Foto: Herbert Stemmler

teilweise aber schwer beschädigt. Außerdem existierten zwei fabrikneu in Henningsdorf hinterstellte Maschinen und neun weitere, die bei Kriegsende noch nicht ganz fertig waren.

Die »DR West«, die spätere Deutsche Bundesbahn, übernahm die in den Westzonen vorhandenen E 94, begann sofort in Zusammenarbeit mit Krauss-Maffei und MAN mit den erforderlichen Reparaturen, ließ aus bereits gefertigten Baugruppen nach Kriegsende weitere Lokomotiven fertigstellen sowie zwischen 1954 und 1956 43 Einheiten (E 94 178–196 und 262–285) in leicht modifizierter Form nachbauen und kaufte von der DR (DDR) vier weitere, so dass der gesamte Bestand 124 Fahrzeuge umfasste. Eingesetzt wurden die E 94 vor schweren Güterzügen und im Schiebedienst auf der Geislinger Steige sowie der Spessartrampe Laufach – Heigenbrücken. 1968 erhielten die fast ausschließlich in Süddeutschland eingesetzten Maschinen gemäß dem neuen Schema die UIC-Baureihenbezeichnung 194. Ab 1970 durften die Betriebsnummern 141 und 142 sowie 262–285, die eine Hochspannungssteuerung von BBC/Siemens und eine Leistung von 4680 kW aufwiesen, mit einer Höchstgeschwindigkeit von 100 km/h verkehren und erhielten die neuen Nummern 194 541–542 und 562–585. Acht für den Schiebedienst eingesetzte 194.5 wurden mit einem zusätzlichen roten Schlusslicht ausgerüstet, damit die Lokomotivführer nicht ständig auf- und absteigen mussten, um die Schlusslichtscheibe umzusetzen, und damit das »Falschfahrsignal« Zg 2 angezeigt werden konnte. Als einzige Lokomotive der Baureihe wurde die 194 178 in dem seit 1974 gültigen Farbschema ozeanblau-beige lackiert. 1976 schied die 194 140 als erste nach einem Brand aus, und 18. Juni 1988 endete der planmäßige Einsatz der Baureihe 194, nachdem ab Januar 1985 keine Hauptuntersuchungen und ab Herbst 1986 auch keine Ausbesserungen mehr durchgeführt werden durften. Im Mai 1987 hatten die SBB acht Lokomotiven der Unterbaureihe 194.5 angemietet und einige Zeit statt ihrer eigenen »Krokodile« mit schweren Öl- und Kieszügen eingesetzt.

Die in der sowjetischen Besatzungszone und in Schlesien sowie der Tschechoslowakei vorhandenen E 94 gingen alle an die »DR Ost« über, davon waren zehn mit Schäden abgestellt. Nach dem Ende des elektrischen Betriebs in Ostdeutschland im März 1946 wurden 25 Einheiten samt Oberleitung und anderen elektrischen Installationen als Reparationsgut in die UdSSR gebracht, dort für die Abfuhr von Steinkohle auf einer versuchsweise elektrifizierten Teilstrecke der Petschorabahn Kotlas – Workuta (nördlich des Polarkreises) auf 1524 mm umgespurt und mit einer SA3-Mittelpufferkupplung ausgestattet, was aber die Stabilität der Drehgestelle beeinträchtigte. 1952/53 wurden die 25 E 94 von der UdSSR wieder an die DR verkauft und wegen der Umspurung in drei Teile zerlegt auf Flach- oder Tiefladewagen zurückgebracht, weil die Strecke Zwickau – Aue – Johanngeorgenstadt für die Uran-Abfuhr elektrifiziert werden sollte, was aber nicht realisiert wurde. Am Ende der Fünfzigerjahre standen wieder 23 E 94 im Einsatz, wobei sich die Reparaturarbeiten teilweise sehr schwierig gestalteten, weil ein Großteil der mit in die Sowjetunion abgelieferten Zeichnungen nicht zurückgegeben worden war. Zwischen 1956 und 1960 wurden vier E 94 an die DB verkauft, nachdem die 032 schon 1948 abgegeben worden war, und zwei Maschinen mussten wegen größerer Schäden als Ersatzteilspender ausgemustert werden.

Zunächst waren die E 94 in Bitterfeld, Halle (Saale), Leipzig-Wahren und Magdeburg-Buckau beheimatet, nach der Elektrifizierung des so genannten »Sächsischen Dreiecks« Leipzig – Zwickau – Dresden ab 1963 auch in Zwickau. Seit dem 1. Juli 1970 lautete die Baureihenbezeichnung »254«. 254 096 wurde nach einem Kabelbrand am 30. Mai 1974 ausgemustert, 254 017 folgte am 13. Juli 1978 nach einem Unfall. 1979 übernahm das Braunkohlenkombinat Bitterfeld die 254 057 und 058 und setzte sie in eigener Regie ein. Das Bahnbetriebswerk Engelsdorf östlich von Leipzig wurde zum Auslauf-Bw für die Baureihe 254, deren Fahrzeuge von den Mitarbeitenden der DR als »Eisenschweine« bezeichnet wurden. Am 1. Januar 1991 verfügte die DR noch über acht 254er, die jedoch im gleichen Jahr bis auf die Museumslokomotive 254 056 ausrangiert wurden.

Als letzte E 94 in beiden Teilen Deutschlands stand die vom Braunkohlenkombinat Bitterfeld erworbene 254 058 im planmäßigen Einsatz, die als 1-1122 den Rangier- und Übergabedienst im Bahnhof Delitzsch-Südwest versah, im September 1991 im RAW Dessau noch eine Bedarfsausbesserung erhielt und erst im Laufe des Jahres 1992 auf dem Gelände des Braunkohlekombinats abgestellt wurde.

Da Österreich schon an das Dritte Reich »angeschlossen« war, sah man bereits bei der Planung der E 94 einen Einsatz auf den Rampen der Arlberg-, Karwendel-, Karawanken-, Tauern- und Brennerlinie vor, und zwar als Zug-, Vorspann- und Schiebelokomotiven. Und so versahen die E 94 ab 1940 auch in der so genannten »Ostmark« ihren Dienst. Bei Kriegsende befanden sie 47 Einheiten in Österreich, von denen zwei an die »DR West« zurückgegeben wurden und eine als Ersatzteilspender diente, so dass 44 Fahrzeuge, davon acht nicht einsatzfähige an die ÖBB gingen.

194 161-6 stand im Februar 1969 mit einem Personenzug nach Stuttgart im verschneiten Bahnhof Tübingen, und der Zugführer unterhielt sich mit dem Lokomotivführer. Foto: Herbert Stemmler

2
194 161-6

1245 003-7, 1020 010-3, 1020 012-9, 1020 044-5 sowie eine weitere 1020, deren Betriebsnummer verdeckt ist, standen am 6. Juli 1991 bei der Drehscheibe der Zugförderungsstelle Saalfelden.
Foto: Erich Charwat

1952 wurden drei Fahrzeuge nachbestellt, die aus bei der WLF gelagerten Teilen aus dem nicht mehr fertiggestellten Baulos E 94 146–148 gefertigt wurden. Ab 1954 lautete die Reihenbezeichnung »1020« mit neuen, durchlaufenden Betriebsnummern. Diese Nummern wurden nicht von den ursprünglichen Reichsbahn-Nummern abgeleitet, sondern nach den ehemaligen Herstellern sortiert: Die von Krauss-Maffei / SSW gelieferten Fahrzeuge erhielten die Nummern 01–17, die von AEG gebauten die Nummern 18–43, die E 94 136 wurde als Ausnahme zur 44.

Die Lokomotiven versahen jahrzehntelang den Güterzug- und Rampendienst, waren in allen wichtigen Zugförderungsstellen stationiert und fuhren auch in das benachbarte Ausland, z. B. nach Lindau, wohin keine deutsche E 94 kam, München, Buchs (SG), Tarvisio (Italien) und Jesenice (Slowenien). Ab 1967 erfolgte eine als „Hauptausbesserung mit Grundüberholung" bezeichnete Modernisierung der 1020.01–44: Umbau auf zwei gummigefasste Stirnfenster (statt der ursprünglich drei schmalen), Einbau von Scheinwerfer-Schlusslicht-Kombinationen, Neulackierung in Blutorange (statt Tannengrün) und Einbau von Düsenlüftergittern an den Vorbauten. Anlass für diese Modernisierung war eine Analyse der ÖBB, die ergeben hatte, dass die Fahrzeuge der Reihe 1020 durchaus noch etwa 20 Jahre in einer wirtschaftlich vertretbaren Art und Weise eingesetzt werden könnten. Als erste wurden die nachgebauten 1020.45–47

Während ihres Einsatzes bei der Mittelweserbahn vor allem als Schiebelokomotive auf der Spessartrampe Laufach – Heigenbrücken führte die ehemalige E 94 die österreichische Betriebsnummer 1020 041-8. Das Bild entstand am 30. Juni 2007 bei Altenbeken.

Foto: Nanning Brüshaber

Nach einer gründlichen Aufarbeitung durch die GES steht die E 94 088, bei der es sich, wie die geänderte Fensterfront zeigt, um die ehemalige 1020.010 der ÖBB handelt, seit August 2013 wieder im Einsatz. Das Foto zeigt sie bei einer Sonderfahrt des »Feurigen Elias« als Schiebelokomotive am 3. Oktober 2013 in Ludwigsburg. Foto: H.-B. Schönborn

zwischen 1983 und 1985 ausgemustert, am 1. Mai 1995 die letzten beiden 1020.

Einen sehr interessanten »Lebenslauf« hat die E 94 103 alias 1020.41: Gebaut wurde sie 1943 unter der Fabriknummer 5728 von AEG in Henningsdorf bei Berlin und am 30. Juli 1943 als E 94 103 der DR abgeliefert. Die Stationierung erfolgte am 16. August 1943 im Bahnbetriebswerk Bludenz, wo sie bis zu ihrer Ausmusterung am 1. April 1995 blieb. Die Betriebsnummer E 94 103 behielt sie bis 1954, danach wurde sie von den ÖBB in 1020.41 umgezeichnet. 1994 erhielt sie noch für ein Jahr die Betriebsnummer 1020 041-8. Mit dieser Nummer wurde sie 1995 verkauft und blieb bis 1999 in Privatbesitz am Standort Bludenz. Am 27. Oktober 1999 fuhr die Lokomotive aus eigener Kraft von Bludenz nach Augsburg und wurde in der nächsten Zeit unter der Betriebsnummer E 94 103 von der Eisenbahn- und Sonderwagen-Betriebsgesellschaft mbH (ESG) bei Sonderfahrten eingesetzt. Im Dezember 2003 wurde die Lokomotive an die Mittelweserbahn (MWB) verkauft, die im November 1998 von vier Mitgliedern des Deutschen Eisenbahn-Vereins gegründet worden war. Am 15. Januar 2004 überführte man die Maschine zusammen mit dem Ersatzteilspender 1020 034-3 zur Aufarbeitung von Augsburg in die Hauptwerkstätte Linz. Anfang Juni 2004 nahm sie als 97 80 8194 103-8 D-MWB in einer blau-gelben Lackierung den Betriebsdienst als Schiebelokomotive für schwere Güterzüge auf der 5,4 Kilometer langen

DB-Lokomotiven	
194 051	Eigentum der Stadt Singen, zurzeit in der Bahnwelt Darmstadt-Kranichstein
E 94 080	Eisenbahnmuseum Bochum-Dahlhausen, nicht betriebsfähig, guter Zustand
E 94 088	im Besitz der Elektrischen Zugförderung Württemberg, betriebsfähig
E 94 135	im Eigentum des Bayerischen Eisenbahnmuseums Nördlingen
194 158	zwischen 1998 und 2001 von Arbeitsgemeinschaft historische Eisenbahnfahrzeuge e. V. wieder hergerichtet, seit Sommer 2019 als Leihgabe bei der Museumseisenbahn Hamm, nach abgeschlossener Hauptuntersuchung dort seit Sommer 2021 für Sonderzugfahrten im Einsatz
E 94 192	Bayrisches Eisenbahnmuseum (BEM) Nördlingen, betriebsfähig
E 94 279	ehemalige 194 579-9, Bestand des DB-Museums, in der Obhut der «IG E 94 279« im Bw Kornwestheim
194 580	ehemalige E 94 280, als 194 178-0 in ozeanblau/beiger Farbgebung seit Februar 2020 im Eisenbahnmuseum Weimar
E 94 281	Bestand des DB-Museums, Ersatzteilspender für E 94 279 in Kornwestheim

DR-Lokomotiven	
254 040	Dampflok-Museum Hermeskeil (Sammlung Bernd Falz)
254 052	ehemalige E 94 052, Lokwelt Freilassing, nicht betriebsfähig
254 056	als E 94 056 im Bestand des DB-Museums, auf Museumsgleis in Leipzig Hbf abgestellt
254 058	Sammlung Bernd Falz in Falkenberg (Elster) oberer Bahnhof
254 059	Sächsisches Eisenbahnmuseum Chemnitz-Hilbersdorf
254 066	Dampflok-Museum Hermeskeil (Sammlung Bernd Falz)
254 106	Museumslokomotive des Thüringer Eisenbahn-Vereins im Bw Weimar
254 110	Dampflok-Museum Hermeskeil (Sammlung Bernd Falz)

ÖBB-Lokomotiven	
1020.001	ehemalige E 94 008, Heizlokomotive 011.12, Ersatzteilspender bei Metrans in Laa an der Thaya
1020.003	ehemalige E 94 011, Museumslokomotive der ÖGEG in Ampflwang
1020.005	ehemalige E 94 030, HW Linz (A), im März 2020 nach Hersbruck überführt
1020.010	als E 94 088 1999 an die GES nach Kornwestheim, 2018 verkauft an EZW (Elektrische Zugförderung Württemberg)
1020.012	ehemalige E 94 123, Privateigentum, abgestellt im Lokomotivschuppen des Bahnparks Augsburg
1020.014	ehemalige E 94 129, Ersatzteilspender für Prignitzer Eisenbahn GmbH (PEG) im Bw Nordhausen
1020.017	ehemalige E 94 135, Ersatzteilspender für E 94 192 beim BEM Nördlingen
1020.018	ehemalige E 94 001, bei Verein der Eisenbahnfreunde in Lienz (A), betriebsfähig
1020.022	ehemalige E 94 005, Museumslokomotive der ÖGEG in Ampflwang (A)
1020.023	ehemalige E 94 006, Museumslokomotive in Lienz (A)
1020.024	ehemalige E 94 025, Ersatzteilspender der ÖGEG, abgestellt in Timelkam (A)
1020.034	ehemalige E 94 095, Ersatzteilspender der Mittelweserbahn im Bw Nürnberg Rbf
1020.037	ehemalige E 94 099, betriebsfähig bei ÖGEG
1020.038	ehemalige E 94 100, im Eisenbahnmuseum Strasshof (A)
1020.041	ehemalige E 94 103, bei Salzburger Lokalbahn in Revision, bis 2012 im Schiebedienst auf der Spessartrampe, im März 2021 nach Euskirchen überführt
1020.042	im Besitz des Vereins 1020, mit SBB-Stromabnehmer ausgerüstet, betriebsfähig, stationiert in Wolfurt
1020.044	ehemalige E 94 136, bei Metrans in Laa an der Thaya
1020.047	ÖBB-Nachbaulokomotive, in Strasshof, weitgehend in Ursprungszustand versetzt, in Zugförderungsstelle Saalfelden aufgearbeitet und neu lackiert

Spessartrampe Laufach – Heigenbrücken mit einer Steigung von 20 Promille auf, weil die DB AG privaten Eisenbahnverkehrsunternehmen, also Konkurrentinnen, den Schiebedienst verweigerte. Da am 27. Mai 2012 die Frist ablief und der Schiebedienst nicht mehr sehr umfangreich war, wurde die Lokomotive, die über eine deutsche und eine österreichische Zulassung verfügt, zunächst 2013 an die Salzburger Lokalbahn verkauft, wo sie nach einer Hauptuntersuchung als »E 94« im Bedarfsdienst eingesetzt werden sollte; im Mai 2021 wurde die Lok nach Euskirchen überführt. Weitere Fahrzeuge der Reihe 1020 bzw. E 94 / 194 / 254 blieben erhalten, wie die Aufstellung oben zeigt.

Insgesamt 27 Einheiten der schweren Baureihe E 94 wurden 1952 von der UdSSR an die Reichsbahn zurückgegeben. Diese verkaufte vier Loks an die DB und setzte die übrigen Maschinen, die nach den Lokomotiven der Baureihe E 44 aufgearbeiteten wurden, auf dem wieder elektrisch betriebenen mitteldeutschen Netz ein. Am 16. Juli 1977 beförderte eine E 94 (ab 1970: 254) einen Güterzug, in dem an erster Stelle ein 40' Überseecontainer der Reederei United States Lines lief, über die Dresdner Marienbrücke. Foto: Jürgen Krantz †

3 DIE SEETAL-KROKODILE De 6/6

Am 24. August 1981 war De 6/6 15302 mit dem Güterzug G 7251, Beinwil – Lenzburg, bei Beinwil am See unterwegs, wobei der Personenwagen dem begleitenden Personal diente. Foto: Dietmar Beckmann

3.1 Kurzer geschichtlicher Überblick

Mit englischem Kapital wurde 25. März 1881 in London »The Lake Valley of Switzerland Railway Company Limited« gegründet, die am 3. September 1883 die Strecke Emmenbrücke – Beinwil am See, am 15. Oktober des gleichen Jahres den Abschnitt Beinwil am See – Lenzburg und am 23. Januar 1887 die Stichstrecke Beinwil am See – Reinach in Betrieb nahm. Um die Kosten für Kunstbauten und den Landerwerb gering zu halten, war die Trasse – wo möglich – in oder unmittelbar neben bestehenden Straßen verlegt.

1894 erwarb die Bank Burkhardt & Cie. in Zürich die Bahn von der englischen Gesellschaft und verkaufte sie an die neu gegründete »Schweizerische Seethalbahngesellschaft« (STB) weiter. Am 1. Oktober 1895 ging die Strecke Lenzburg – Wildegg in Betrieb, die den Anschluss zu der Hauptstrecke Zürich – Baden – Brugg – Aarau der Schweizerischen Nordostbahn herstellte, und am 1. Oktober 1906 folgte der Abschnitt Reinach – Beromünster. Die Strecke Beinwil am See – Beromünster wies eine maximale Steigung von 38 Promille auf, und die gesamte, eingleisige Strecke erschloss ländliches Gebiet, aber auch einige Orte mit Industrie, und so hatte bis in die Siebzigerjahre des 20. Jahrhunderts der lokale Gütertransport eine große Bedeutung. Die Seetallinie verfügte über vereinfachte Sicherungsanlagen ohne Streckenblock und mehr als 500 unbeschrankte Bahnübergänge. Seit 1904 gab es einige Züge mit direkten Wagen ab / bis Luzern, so dass das Umsteigen in Emmenbrücke teilweise entfiel. 1910 wurde die STB mit Wechselstrom von 5.500 V 25 Hz elektrifiziert.

Auf den 1. Januar 1922 erfolgte die Eingliederung der STB durch Verstaatlichung in die Schweizerischen Bundesbahnen SBB, die 1930 das Stromsystem auf die üblichen 15 kV 16,7 Hz umbauten. Die Teilstrecken Lenzburg – Wildegg und Beinwil am See – Beromünster wurden 1984 bzw. 1999 stillgelegt und später abgebaut. Güterverkehr gibt es heute nur noch bei Bedarf zwischen Hitzkirch und Luzern.

Aufgrund der vielen bewachten, aber vor allem unbewachten Bahnübergänge und des zunehmenden Autoverkehrs ereigneten sich Jahr für Jahr mehr Unfälle, von denen viele tödlich für die Straßenbenutzer endeten, was der Seetal-Strecke den wenig schmeichelhaften Spitznamen »Kundenmetzger« eintrug. Und so kam in den Sechzigerjahren die Idee auf, den Bahn- durch einen Busverkehr zu ersetzen. Nach langen politischen Auseinandersetzungen wurde jedoch beschlossen, die Bahn zu erhalten, und heute verkehren auf der rund 47 Kilometer langen, vollständig sanierten und zentral überwachten Seetalbahn wegen des eingeschränkten Lichtraumprofils zwischen Hitzkirch und Lenzburg die schmalen Niederflur-Gelenktriebzüge RABe 520 des Schweizer Herstellers Stadler.

Als die SBB die STB übernahmen, versahen acht vierachsige Personen- und zwei Gepäcktriebwagen auf den Strecken den Dienst, deren geringe Stundenleistung von 265 kW für die ständig steigenden Anforderungen vor allem im Güterverkehr nicht ausreichte, so dass es immer häufiger zu erheblichen Schäden an den Fahrmotoren kam. Auch die für das andere Stromsystem auf den Seetal-Strecke hergerichtete Ce 4/4 13502 bedeutete aufgrund ihrer geringen Leistung von 370 kW wenig Verstärkung. Deshalb richteten die SBB 1925 mit einem Pflichtenheft an SLM und BBC eine Anfrage nach drei Lokomotiven De 6/6, die auf den ersten Blick für eine »abgespeckte« Variante der Gotthard-Krokodile Ce /Be 6/8 III gehalten werden, die aber eher als eine verdoppelte Rangierlokomotive anzusehen sind. Denn 1922 hatten die SBB die beiden elektrischen Rangierlokomotiven Ee 3/4 16301 und 16302 mit der Achsfolge 1´C und dem Winterthurer Schrägstangenantrieb bestellt, um Erfahrungen für den Rangierdienst mit elektrischen Fahrzeugen zu gewinnen und die immer noch zum Rangieren eingesetzten Dampflokomotiven ablösen zu können. Aufgrund der Erfahrungen mit den Ee 3/4, die mehr als 50 Jahre vor allem in Erstfeld ihren Rangierdienst versahen, entschieden sich die SBB zu einer Serienbestellung von Rangierfahrzeugen des Typs Ee 3/3, also ohne Laufachse, aber mit Schrägstangen-Antrieb, die von SLM und BBC zwischen 1928 und 1956 geliefert wurden. Die erste Teillieferung von Ee 3/3, deren Konstruktion die Grundlage für die De 6/6 bildete, hatte den Führerstand noch am hinteren Ende und erhielt deshalb den Spitznamen »Bügeleisen« oder »Halbschuh«. Die De 6/6 sind nun zwei Rücken an Rücken gekuppelte Ee 3/3, bei denen die Führerstände durch die gelenkig gelagerte Lokomotiv-Brücke ersetzt wurden.

Dass das Rangieren eine wesentliche Aufgabe für die De 6/6 war, bestätigt folgendes Originalzitat aus dem Pflichtenheft: »Die Lokomotive soll imstande sein, abwechslungsweise an je zwei aufeinanderfolgenden Tagen folgende Tagestouren zu machen: 1. Eine Hin- und Rückfahrt auf den Strecken Emmenbrücke – Wildegg und Beinwil – Münster mit einer Anhängelast von 150 t unter einmaligem Abstossen der Belastung auf allen Stationen, Vorziehen des Zuges in die Stationsmitte und nachheriger Weiterfahrt. 2. Zwei Hin- und Rückfahrten auf den Strecken Emmenbrücke – Wildegg und Beinwil – Münster mit 200 t Anhängelast innerhalb 15 Stunden.« Gesucht wurde also eine kurvengängige, robuste, zugkräftige und bei den Manövern in den Stationen leicht zu beherrschende Lokomotive, deren Höchstgeschwindigkeit nicht so hoch sein musste. So sah der Fahrplan im Oktober 1926 für einen mit einer De 6/6 geführten Güterzug für die 46 Kilometer lange Strecke Wildegg – Emmenbrücke eine Fahrzeit von rund acht Stunden vor.

SLM und BBC erhielten den Auftrag und lieferten 1926 die De 6/6 15301–15303 ab. Die Dienstmasse betrug 73 Tonnen, die maximale Achslast 12,5 Tonnen, die Stundenleistung 1000 kW und die Höchstgeschwindigkeit bei Ablieferung 40 km/h, wurde aber noch im gleichen Jahr auf 45 km/h und 1939 auf 50 km/h angehoben.

Am 12. Februar 2011 wartete die revidierte De 6/6 15301 in Konstanz auf einen Acht-Wagen-Zug von »UEF Historischer Dampfschnellzug e. V.« und brachte die Anhängelast von 239 Tonnen anschließend nach Romanshorn und über eine 18-Promille-Rampe nach Herisau.

Foto: Tibert Keller

3.2 Technisches

Die »Seetaler« bestanden aus drei großen Bauteilen, den beiden mit einer Querkupplung verbundenen Vorbauten mit den dreiachsigen Triebgestellen sowie der robusten Brücke mit dem Lokomotivkasten; sie waren also »echte« Krokodil-Lokomotiven. Die Vorbauten entsprachen weitgehend denjenigen der Rangierlokomotiven Ee 3/3 16311–16326, denn die Fahrmotoren und die meisten Fahrwerksteile waren mit den Ee 3/3 austauschbar. Allerdings wurde der Transformator, ein stehender, ölgekühlter Transformator der ersten Generation mit einem separaten Ölkühler, in den Lokomotivkasten verlegt, der auch die beiden, durch einen rechtsseitigen Gang verbundenen Führerstände umfasste. Auf dem Dach befand sich nur ein Stromabnehmer. Die Brücke stützte sich über halbkugelförmige Drehzapfen und seitlich angeordnete Blattfedern auf die Triebgestelle, aber anders als bei den Ce 6/8 II und III übertrug die Brücke die Zug- und Stoßkräfte. Die Steuerung erfolgte über einen Flachbahnstufenschalter mit 13 Stufen, der ursprünglich mit einem großen Handrad über Wellen und Ketten durch Muskelkraft bedient und erst später durch einen nachträglich eingebauten Motor betätigt wurde.

In jedem Vorbau war ein Fahrmotor untergebracht, der über gefederte Ritzel und eine Getriebeübersetzung 1 : 3,75 eine Vorgelegewelle antrieb, die das Drehmoment mittels eines Winterthurer Schrägstangenantriebs auf die innerste und durch Kuppelstangen auf die anderen Achsen übertrug, die sich in einem gemeinsamen Innenrahmen befanden. Zur besseren Kurvengängigkeit konnte sich die mittlere Achse beidseits um sechs Millimeter verschieben.

Im Ablieferungszustand stand dem Lokomotivführer nur eine einlösige Westinghouse-Druckluftbremse zur Verfügung, später kam eine direkt wirkende Regulierbremse hinzu, die in eine leichter zu bedienende Rangierbremsvorrichtung umgebaut wurde. Die Handbremse wirkte jeweils auf das zugehörige Drehgestell, eine Rekuperationsbremse gab es aus Gewichtsgründen nicht. Bei der Ablieferung besaßen die De 6/6 keine Sicherheitssteuerung, wurden aber von Anfang an nur einmännig gefahren. Der Lokomotivführer stand während der Fahrt auf der linken Seite des Führerstandes und konnte die rechte Seite der Lokomotive und des Zuges durch einen Spiegel überwachen – eine Anordnung, die für die zahlreichen Rangiermanöver notwendig war.

Mit den ursprünglich angebauten Stangenpuffern betrug die Länge 14.000 mm, nach dem Anbau von modernen Hülsenpuffern erhöhte sich die Gesamtlänge auf 14.060 mm. Neben dieser deutlich sichtbaren Veränderung erfuhren die De 6/6 im Verlaufe ihrer 57 Dienstjahre noch weitere, z. B. beim Stromabnehmer den Ersatz der ursprünglichen Wippe mit weit auseinander liegenden, einfachen Schleifstücken durch eine mit einem Doppelschleifstück, das Verschweißen der seitlichen Führerstandtüren, das Entfernen der Übergangsbleche (nur 15302 und 15303) sowie den Einbau einer Zugsicherung und einer Totmann-Einrichtung.

Bei der Ablieferung waren die De 6/6 braun lackiert, später tannengrün, ab 1954 erhielten sie, um die Erkennbarkeit an den Niveauübergängen zu verbessern, einen ziegelroten Farbanstrich, wie er auch bei den Rangierlokomotiven und den umgebauten De 4/4 1661–1668 üblich war.

Die wichtigsten technischen Daten der De 6/6-Lokomotiven der SBB	
Typenbezeichnung	De 6/6
Betriebsnummern	15301–15303
Indienststellung	1926
Stückzahl	3
Achsfolge	C′C′
Spurweite	1435 mm
Länge über Puffer	
mit Stangenpuffern	14000 mm
mit Hülsenpuffern	14060 mm
Höhe mit gesenktem Stromabnehmer	4415 mm
Anzahl Treibachsen	sechs
Treibrad-Durchmesser (neu)	1040 mm
Übersetzung der Zahnradgetriebe	1 : 3,75
Antriebsart Fahrmotor–Treibachse	Schrägstange
Dienstmasse	73 t
Stromspannung	15 kV 16,7 Hz
	(5,5 kV 25 Hz)
Anzahl Fahrmotoren	zwei
Stundenleistung am Rad	875 kW
	bei 29 km/h
Stundenleistung an Welle	2 x 490 kW
Dauerleistung an Welle	2 x 425 kW
	(29 km/h)
Maximale Anfahrzugkraft am Rad	18 t
Höchstgeschwindigkeit	50 km/h
Maximale Anhängelast	275 t
Fern- / Vielfachsteuerung	keine
Bremsen	Druckluft, Rangierbremse

De 6/6 15302 mit Güterzug G 7251, Beinwil – Lenzburg, am 24. August 1981 in Hallwil auf einem der zahlreichen unbeschrankten Bahnübergänge der Seetal-Strecke, auf denen sich immer wieder schwere Unfälle mit Straßenbenutzern ereignet haben. Foto: Dietmar Beckmann

Alle drei Lokomotiven konnten im Ablieferungszustand von 5,5 kV 25 Hz (Seetal) auf 15 kV 16,7 Hz (SBB-Netz) umgeschaltet werden. Vier Jahre, nachdem die Seetalbahn auf das SBB-Stromsystem umgebaut worden war, wurde die Umschalteinrichtung entfernt.

3.3 Betriebseinsatz

Grundsätzlich waren die De 6/6 dem Depot Luzern zugeteilt und auf der Seetalbahn zu Hause, gelegentlich auch auf angrenzenden Strecken, denn die Höchstgeschwindigkeit von 50 km/h reichte für einen planmäßigen Einsatz auf den Hauptstrecken nicht aus. Bis 1972 führte die für die »Gotthard-Krokodile« zuständige Hauptwerkstätte Bellinzona den Großunterhalt durch, danach die Werkstätte Yverdon, wo auch die technisch verwandten Rangierlokomotiven Ee 3/3 revidiert wurden.

Nach der Ablieferung kam nur De 6/6 15301 nach Luzern, während die beiden anderen Fahrzeuge sich zunächst im Tessin aufhielten und den Dienst am Ablaufberg des Rangierbahnhofs Bellinzona S. Paolo versahen. Ab 1929 führte eine De 6/6 Lokalgüterzüge zwischen Chiasso und Lugano und übernahm außerdem die Rangierdienste in Lugano. Ab 1931 waren dann alle drei Lokomotiven in Luzern, wobei montags bis freitags zwei Fahrzeuge die Güterzüge im Seetal beförderten, während das dritte die Reserve bildete oder für Instandsetzungsarbeiten freigestellt war.

Am Wochenende gab es keinen Güterverkehr, und die »Seetaler« übernahmen im Bedarfsfall Aushilfsdienste auf dem SBB-Netz oder bei Privatbahnen. So führten sie beispielsweise Pilgerzüge auf den steigungsreichen Strecken der Südostbahn (SOB).

Morgendliche Idylle am 26. August 1981 im Seetal bei Eschenbach: De 6/6 15302 führte den Güterzug G 17220, Beinwil – Luzern, der aus zwei gedeckten Wagen bestand. Foto: Dietmar Beckmann

De 6/6 15302 und 15303 haben sich am 24. August 1981 mit den zwei Personenwagen des Zuges 32266, Lenzburg – Beinwil, nicht überanstrengt. Sie fahren auf dem Bild gerade in den Bahnhof Beinwil ein. Foto: Dietmar Beckmann

De 6/6 15302 wartete am 24. August 1981 mit dem Güterzug G 7251, Beinwil – Lenzburg, in Birrwil auf den kreuzenden Personenzug 2252, Wildegg – Beinwil, der von dem Triebwagen De 4/4 1668 geführt wurde. Foto: Dietmar Beckmann

Lebenslauf der elektrischen Ee 6/6-Lokomotiven der SBB

Typ	Hersteller/Fabrik-Nr.	Übergabe	BetrNr.	Farbe	Farbe	seit	Farbe	seit	Ausrangierung	Bemerkungen
De 6/6	SLM 3056; BBC 2138	Mst 25.06.1926	15301	braun	grün	ca. 1947	rotbraun	1954	30.04.1983	12.11.1973 Zusammenstoß mit 15303; 1984 Verkauf an Oensingen–Balsthal-Bahn (OeBB); bis 1990 bei OeBB in Betrieb; danach Aufarbeitung in Balsthal; 2008 kurzzeitige Wiederinbetriebnahme als historische Lokomotive, beheimatet in Brugg; ab 2014 wieder in Betrieb mit ETM-S; 2016 Überfuhr aus dem Depot Brugg in die Remise Hochdorf
De 6/6	SLM 3057; BBC 2139	Mst 25.06.1926	15302	braun	grün	ca. 1947	rotbraun	1954	31.01.1983	Rangierdienst Lugano/Chiasso bis 1931
De 6/6	SLM 3058; BBC 2140	Mst 25.06.1926	15303	braun	grün	ca. 1947	rotbraun	1954	31.03.1983	Rangierdienst Bellinzona-S. Paolo bis 1929; 12.11.1973 Zusammenstoß mit 15301

In dem wunderbaren Abendlicht des 12. Februar 2011 führte De 6/6 15301 einen aus acht Wagen bestehenden Sonderzug zwischen Amegg und Hauptwil. Am Schluss des Zuges befand sich die 1931/32 gebaute Be 4/4 14 der ehemaligen BT, die heute Europavor gehört, um auf der Route via Bischofszell die Fahrtrichtungswechsel in St. Gallen und Sulgen ohne Rangieraufwand bewältigen zu können. Foto: Tibert Keller

3.4 Unfälle und Verbleib

Während die »Seetal-Krokodile« mehrfach in folgenschwere Unfälle mit Straßenverkehrsteilnehmern an unbeschrankten oder beschrankten Bahnübergängen verwickelt waren, gab es nur einen schweren Eisenbahn-Unfall, als nämlich am 12. November 1973 die Lokomotiven 15301 und 15303, die beide jeweils einen Güterzug führten, in der Station Mosen (bei Beinwil am See) zusammenstießen. Zur Reparatur wurden die Lokomotiven in die Hauptwerkstätte Yverdon gebracht, wo sie in guter Gesellschaft waren, denn die 15302 durchlief zur gleichen Zeit eine Revision R1. Eher überraschend wurden im Januar 1983 die De 6/6 15302 und zwei Monate später die 15303 bei einer Schrottfirma in Orbe abgebrochen, während 15301 im April 1983 an die Oensingen–Balsthal-Bahn (OeBB) verkauft wurde, um dort den Güterzug-Dienst zu übernehmen. 1990 erlitt die Lokomotive einen Kurzschluss im Heizstromkreis, der beim Transformator zu einem irreparablen Schaden führte. Ersatzteile waren aufgrund der Verschrottung der Schwesterlokomotiven nicht mehr vorhanden, aber eine Diplomarbeit an der Ingenieurschule Biel zeigte auf, dass es eine Reparaturmöglichkeit mit dem Transformator und Hauptschalter eines ausrangierten BDe 4/4-Triebwagens der SBB gab. Aufgrund dieser Machbarkeitsstudie wurde der Verein »Interkantonales Kulturprojekt Roter Pfeil und Seetal-Krokodil« gegründet, der sich den Erhalt und die Wiederinbetriebnahme der Lokomotive zum Ziel gesetzt hatte. Die Arbeiten an der 15301 begannen im Dezember 1995, und man fand noch passendere Lösungen, nämlich den Hauptschalter der Re 4/4 I 10033 der SBB und den Transformator der Ce 4/4 316 der Bern–Neuenburg-Bahn (BLS-Gruppe). Am 10. April 2008 wurde die wieder betriebsfähige Lokomotive vom Bundesamt für Verkehr (BAV) abgenommen. Doch wegen fehlender Zugsicherungssteuerung konnte das Seetalkrokodil bald schon nicht mehr eingesetzt werden. Im Jahr 2014 konnte der Verein »Seetalkrokodil 15301« schließlich die Lokomotive, ausgestattet mit dem Sicherheitssystem ETM-S, wieder in Betrieb nehmen. Die Generalversammlung des Vereins Seetalkrokodil 15301 beschloss 2016, dass der Verein per 31. Dezember 2016 aufgelöst wird. Die interessierten Mitglieder traten dem »Verein Historische Seethalbahn« bei. Die De 6/6 15301 fand in Hochdorf in der Remise Hochdorf in ihrer alten Heimat eine neue Bleibe. Die Überfuhr von Brugg nach Hochdorf geschah Ende August 2016. Die Lokomotive verbleibt im Eigentum der Oensingen-Balsthalbahn OeBB.

Das »Krokodil« von Škoda

Im ersten Band der tschechischen »Eisenbahn-Enzyklopädie – Reihe Elektrische Lokomotiven« von Milan Šramek ist eine aus den Zwanzigerjahren des 20. Jahrhunderts stammende Typenskizze abgedruckt, die einen Entwurf für die erste Elektrolokomotive der Škoda-Werke in Plzeň (Pilsen) zeigt. Wenn man diese Skizze sieht, wird man vom Gesamtdesign sofort an die »Seetal-Krokodile« erinnert; so differiert die Länge über Puffer nur geringfügig: 14.060 mm, was 46,13 Fuß entspricht, bei den Schweizer Lokomotiven, 49 Fuß beim Škoda-Entwurf. Da auf der Zeichnung englische Maßeinheiten verwendet wurden, liegt die Vermutung nahe, dass sich Škoda um einen Exportauftrag beworben hat. Nähere Details wie auch technische Daten z. B. zum geplanten Stromsystem sind nicht bekannt.

Da zwischen den beiden Weltkriegen BBC Baden (Aargau) eigene Tochterwerke in Brno (Brünn) besaß, könnte hierüber ein Kontakt zwischen BBC und Škoda entstanden sein, in den möglicherweise auch SLM eingebunden war. Nach dem Ersten Weltkrieg hatte sich nämlich der Maschinenbaukonzern Škoda, der während des Krieges vollständig auf die Rüstungsindustrie ausgerichtet war, nach neuen Tätigkeitsfeldern umgesehen und war in der Produktion von Lokomotiven aktiv geworden.

Seite 58/59: Der 365 Meter lange, eingleisige Sitterviadukt ist mit 99 Metern der höchste Viadukt der Schweiz. Er befindet sich in einer 16-Promille-Steigung auf der Strecke St. Gallen – Wattwil der ehemaligen BT, heutigen SOB. Die 120 Meter lange, nach unten gewölbte Einzelfachwerkträgerbrücke ist heute die am weitesten gespannte Brücke dieser Bauart in der Schweiz. De 6/6 15301 zog am 12. Februar 2011 einen Acht-Wagen-Zug über dieses Bauwerk. Im Hintergrund ist außerdem die SBB-Brücke zu sehen. Foto: Tibert Keller

Das Rangier-Krokodil Ee 6/6 I 16801 stand am 31. August 2008 im privaten Eisenbahn-Museum in Le Locle. Foto Detlef Klein

3.5 Rangier-Krokodile Ee 6/6 I

Weil die SBB keine leistungsstarken Fahrzeuge für den schweren Dienst an den Ablaufbergen der großen Rangierbahnhöfe hatten, bestellten sie 1952 bei SLM, BBC und Sécheron (SAAS) zwei elektrische Rangierlokomotiven Ee 6/6, die nach der Inbetriebnahme der zehn Ee 6/6 II im Jahre 1980 als Ee 6/6 I bezeichnet wurden. Die Fahrzeuge sollten mit geringer Geschwindigkeit Wagengruppen über einen Ablaufberg schieben und bis zu 2000 Tonnen schwere Züge bewegen können.

Die Ee 6/6 I bestanden aus drei großen Bauteilen, den beiden niedrigen, mit einer federnden Querkupplung verbundenen Vorbauten mit den dreiachsigen Triebdrehgestellen und einer kleineren, mittig angeordneten Führerkabine für die stehende, einmännige Bedienung; es handelte sich also um »echte« Krokodile, die technisch mit den zeitgleich ausgelieferten Rangierlokomotiven Ee 3/3 16421–16424, aber auch – mit Ausnahme des Führerstandes – mit den »Seetal-Krokodilen« De 6/6 15301–15303 verwandt waren. Jeder Vorbau, an den vorne eine geräumige, durch ein Geländer und Schutzbleche gesicherte Bühne für das Rangierpersonal angebaut war, besaß einen Fahrmotor, welcher direkt über der Blindwelle angebracht war, von der die Kraft mit dem Winterthurer Schrägstangenantrieb auf die

Lebenslauf der elektrischen Ee 6/6-Lokomotiven der SBB

Typ	Hersteller/Fabrik-Nr.	Übergabe	BetrNr.	Farbe	Farbe	seit	Ausrangierung	Bemerkungen
Ee 6/6 I	SLM/BBC/SAAS/4038	Ge 30.01.1952	16801	oxidrot	verkehrsrot	1986	2005	Einsatz im Rangierbahnhof Muttenz (Basel); ab1998 in Biel; 2005: Verkauf an Privatperson, im privaten Eisenbahn-Museum in Le Locle abgestellt
Ee 6/6 I	SLM/BBC/SAAS/4039	Ge 31.03.1952	16802	oxidrot	--	--	1999	Einsatz im Rangierbahnhof Muttenz (Basel); ab 1998 in Biel; 1999: Schaden am Fahrmotor, danach Abbruch

innerste Achse übertragen und mittels Kuppelstangen an die beiden anderen Achsen weitergegeben wurde. Die massiv verstärkte Brücke mit dem kleinen Führerhaus und den beidseits angesetzten, niedrigen Hauben für den Transformator und die Batterie ruhte mit zwei kugeligen Drehzapfen und gefederten Seitenstützen auf den beiden dreiachsigen Triebdrehgestellen. Ein Stromabnehmer befand sich auf dem Dach des Führerhauses, das weit über die Frontfenster hinausgezogen war.

Die elektrische Ausrüstung, die Getriebeübersetzung 1 : 6,2 und die Bedienungselemente entsprachen weitgehend den vergleichbaren Ee 3/3. Die Ee 6/6 I waren für die stehende Bedienung ausgestattet, ihre Höchstgeschwindigkeit betrug 45 km/h, die Stundenleistung 1008 kW. Das für den Einsatz am Ablaufberg benötigte Dienstgewicht von 90 Tonnen erreichte man durch den Einbau von Ballast. Die Spannung des Transformators wurde über eine Hüpferbatterie mit 22 Stufen beiden Fahrmotoren zugeleitet. Eine Neuheit war eine Feinsteuerung für das Abdrücken am Ablaufberg, mit der sich die Motoren in Serie schalten und bei einer niedrigen Geschwindigkeit bis 5 km/h mit sehr engen Abstufungen regulieren ließen. Um diese kleinen Geschwindigkeitsstufen genau kontrollieren zu können, erhielten die Fahrzeuge nachträglich 1954 spezielle, elektrische Tachometer. In den Siebzigerjahren kamen feste Einrichtungen für den Rangierfunk hinzu.

Eine Serienbeschaffung dieses Fahrzeugtyps kam nicht zustande, weil für den Dienst an den Ablaufbergen einige Ce 6/8 II zu »Rangier-Krokodilen« umgebaut wurden, was erheblich kostengünstiger als eine Neubeschaffung war.

Die Ee 6/6 I 16801 und 16802 wurden zunächst vor allem im Rangierbahnhof Muttenz bei Basel eingesetzt und 1998 nach Biel verschoben, wo die 16802 kurz darauf einen Fahrmotordefekt erlitt. Dieser Schaden wurde nicht mehr repariert, die Lokomotive 1999 in das Industriewerk Yverdon überführt, wo alle nach brauchbaren Teile ausgebaut und anschließend die Maschine zur Verschrottung freigegeben wurde. Die Ausmusterung der 16801 erfolgte im Jahre 2007; das Fahrzeug wurde an eine Privatperson verkauft und ist im privaten Eisenbahn-Museum in Le Locle hinterstellt.

Die Rangier-Krokodile wurden mit einem ziegelroten Anstrich abgeliefert, 16801 erhielt in den Neunzigerjahren den damals bei Rangierfahrzeugen üblichen feuerroten Anstrich.

Die wichtigsten technischen Daten der Ee 6/6 I-Rangierlokomotiven der SBB

Typenbezeichnung	Ee 6/6 I
Betriebsnummern	16801–16802
Indienststellung	1952
Stückzahl	2
Achsfolge	C'C'
Spurweite	1435 mm
Länge über Puffer	14840mm
Höhe mit gesenktem Stromabnehmer	4540 mm
Anzahl Treibachsen	sechs
Treibrad-Durchmesser (neu)	1040 mm
Übersetzung der Zahnradgetriebe	1 : 6,2
Antriebsart Fahrmotor–Treibachse	flacher Schrägstangenantrieb
Dienstmasse	90 t
Stromspannung	15 kV / 16,7 Hz
Anzahl Fahrmotoren	zwei
Stundenleistung am Rad	1008 kW
bei	27 km/h
Stundenleistung an Welle	2 x 520 kW
Dauerleistung an Welle	2 x 460 kW
bei	(28 km/h)
Maximale Anfahrzugkraft am Rad	24 t
Höchstgeschwindigkeit	45 km/h
Maximale Anhängelast (Rangierdienst)	2000 t
Fern- / Vielfachsteuerung	keine

4 DIE RHÄTISCHEN KROKODILE Ge 6/6 I

Am 13. Februar 2004 brachte Ge 6/6 I 415 Fahrzeuge für den Oberleitungsbau von Scuol-Tarasp nach Samedan zurück. Anders als üblich hatte sie den vorderen Stromabnehmer gehoben, weil der hintere nicht mehr an die Dachleitung und die Druckluft zum Heben angeschlossen ist. Foto: Bernhard Willen

4.1 Kurzer geschichtlicher Überblick

Dass im Kanton Graubünden eine eigenständige Eisenbahngesellschaft gegründet wurde, geht auf die Initiative des niederländischen Kapitäns und Finanziers Willem Jan Holsboer (1834–1898) zurück, dessen Frau wegen einer schweren Lungenerkrankung in Davos weilte und dort auch starb. Am 7. Februar 1888 wurde die »Schmalspurbahn Landquart–Davos AG« (LD) gegründet, die 1889 den Abschnitt Landquart – Klosters und acht Monate später die gesamte Strecke bis Davos in Betrieb nahm. Holsboer legte in den nächsten Jahren verschiedene Pläne zur Erweiterung des Streckennetzes in andere Talschaften Graubündens vor, und am 12. Februar 1895 durfte die LD nach einer Volksabstimmung

Das Bild mit der Ge 6/6 402 im Ablieferungszustand, also mit der mittleren Lampe oben auf dem Vorbau, und einem Zug an »Perron I: Chur & Davos« stammt aus dem Jahre 1921, als das schon damals repräsentative Empfangsgebäude in St. Moritz noch nicht für die Olympischen Winterspiele 1928 durch einen größeren Neubau ersetzt worden war. Foto: Archiv RhB

ihren Namen in »Rhätische Bahn« (RhB) ändern. Durch eine weitere Volksabstimmung wurde die RhB zur »bündnerischen Staatsbahn«, und die Direktion verlegte ihren Sitz zunächst nach Landquart, 1896 nach Chur in die Villa »Planta« zwischen dem Stadtkern und dem Bahnhof der normalspurigen Vereinigten Schweizer Bahnen. Innerhalb von zwei Jahrzehnten wurden mehrere Strecken in Betrieb genommen: Landquart – Chur – Thusis (1896), die als »Prioritätslinien« bezeichnete Albulastrecke Thusis – Filisur – Samedan – Celerina (1903) samt der Verlängerung bis St. Moritz (1904) sowie die »Oberländer Linie« Reichenau-Tamins – Ilanz (1904), als »Komplementärstrecken« die Anschlusslinie Pontresina – Samedan (1908), der »Unterschnitt« Davos – Filisur (1909), die Verlängerung Ilanz – Disentis/Mustér (1912) und »Unterengadiner Linie« Bever – Zernez – Scuol-Tarasp (1913). Die gesamten Bauarbeiten der »Prioritätslinien« leitete Friedrich Hennings (1838–1922) als Ingenieur, der auch das Projekt für die »Unterengadiner Linie« entwarf und 1903 als Professor für Straßen- und Eisenbahnbau an die »Technische Hochschule« in Zürich berufen wurde. Für den Bau mehrerer »Komplementärstrecken« waren Chefingenieur Peter Saluz und Kantonsingenieur Giovanni Gilli zuständig.
Weiteren, teilweise schon recht weit gediehenen Ausbauplänen, z. B. der Bergeller Bahn St. Moritz – Maloja – Chiavenna (Italien), einer Weiterführung der Unterengadiner Strecke von Scuol nach Nauders bzw. von Scuol nach Landeck (Tirol), einer Linie Zernez – Ofenpass – Mals oder einer Strecke Thusis – San Bernardino – Mesocco, setzte der Erste Weltkrieg ein jähes Ende.

Im Gegensatz zu den übrigen Strecken war die knapp 50 Kilometer lange Strecke Bever – Zernez – Scuol von Anfang an mit 11 kV 16,7 Hz elektrifiziert, außerdem die angrenzenden Streckenabschnitte St. Moritz – Bever und Samedan – Pontresina, wobei das Kraftwerk in Brusio über das neu gebaute Unterwerk in Bever die Energieversorgung sicherstellte. Sowohl beim Bau der elektrischen Installationen

durch die Berliner Siemens-Schuckert-Werke als auch bei der Fahrzeugbestellung, z. B. der Ge 4/6 in Anlehnung an die etwa zur gleichen Zeit gebauten Be 5/6 151–163, orientierte sich die RhB an den Erfahrungen der BLS.

Aufgrund der hohen allgemeinen Zufriedenheit mit dem elektrischen Betrieb einerseits und der Brennstoff-Knappheit durch den Ersten Weltkrieg andererseits wurde recht schnell das gesamte Netz der RhB ebenfalls elektrifiziert, und zwar »von oben nach unten«, also vom Engadin ins Unterland mit Chur und Landquart, weil die vorhandenen Elloks zunächst in Samedan stationiert waren: 1919 Bever – Filisur – Thusis und Filisur – Davos Dorf, 1920 Davos Dorf – Klosters, 1921 Klosters – Landquart – Chur – Thusis (Ringschluss) und 1922 Reichenau-Tamins – Disentis/Mustér.

Auf dem Gebiet des Kantons Graubünden entstanden neben der RhB drei zunächst selbstständige Bahngesellschaften, die ihre Strecken von Anfang an elektrisch mit Gleichstrom betrieben und deshalb auch »Gleichstromlinien« genannt werden: die Bernina Bahn (BB), welche die Strecke St. Moritz – Pontresina – Ospizio Bernina – Poschiavo – Tirano (Italien) zwischen 1908 und 1910 eröffnete, die Ferrovia elettrica Bellinzona–Mesocco (BM), die ihre Strecke 1907 in Betrieb nahm, und die Chur–Arosa-Bahn (ChA), bei der die Betriebsaufnahme 1914 erfolgte. Als die Bündner Bahnen am Ende der Dreißigerjahre aufgrund der anstehenden Erneuerungsarbeiten sowie der Krise im Tourismus und anderen Wirtschaftszweigen in erhebliche finanzielle Schieflage gerieten, wurde eine Bundeshilfe nach dem 1939 erlassenen »Privatbahnhilfegesetz« an die Bedingung geknüpft, dass sich die Bahnen zu einer größeren Einheit zusammenschließen, und so fusionierten auf den 1. Januar 1942 die ChA und die BM sowie auf den 1. Januar 1943 die BB mit der RhB.

Nach dem Zweiten Weltkrieg folgten – vor allem im Güterverkehr – auf verschiedene »Hochs« immer wieder »Tiefs« mit roten Zahlen, die sogar zu der Forderung führten, die RhB zu verstaatlichen und in die SBB einzugliedern. Ende der Siebzigerjahre besann sich jedoch die RhB auf ihre Stärken, nämlich die touristische Vermarktung ihrer landschaftlich und technisch interessanten Strecken, und schnell wurden die Spitzenprodukte »Glacier Express« und »Bernina Express« zu Erfolgsgaranten. Die Strecke Mesocco – Bellinzona wurde 1972 für den Personen- und die Reststrecke Castione-Arbedo – Cama 2003 auch für den Güterverkehr geschlossen, weil der größte Kunde im Güterverkehr seinen Betrieb aufgegeben hatte. Der von einem Verein organisierte Museumsbetrieb, der jeweils an einigen Wochenenden im Sommer stattfand, endete am 27. Oktober 2013, weil die Bahntrasse für den Straßenbau genutzt werden soll.

Den seit 1930 verkehrenden Glacier Express führten die Ge 6/6 nicht nur auf Albula-, sondern auch auf der Vorderrhein-Strecke. Auf dem Bild steht Ge 6/6 412 mit drei FO-Wagen mit offenen Plattformen, von denen der erste noch mit »Furkabahn« angeschrieben ist, auf dem Val Russein-Viadukt nahe Disentis/Mustér. Auf den nur bis Disentis verkehrenden Mitropa-Speisewagen folgt der Rest des Zuges. Foto: Archiv RhB

Für einen weiteren Aufschwung sorgte am 19.11.1999 die Eröffnung der rund 22 Kilometer langen Vereinalinie Klosters Platz – Sagliains (Unterengadin) mit einem äußerst erfolgreichen Autoverlad durch den mit 19.042 Metern längsten Meterspurtunnel der Welt. Und noch einen bedeutenden Erfolg konnte die RhB verbuchen, die Aufnahme der Strecken Thusis – St. Moritz und St. Moritz – Tirano am 7. Juli 2008 in das UNESCO-Welterbe, denn die RhB ist erst die dritte Bahngesellschaft weltweit, die in das Welterbe aufgenommen wurde. Da die für die »Unterengadiner Linie« St. Moritz – Scuol-Tarasp beschafften Elloks, sieben Ge 2/4 (Baujahr 1912, Leistung 220 kW) und acht Ge 4/6 (Baujahr 1913, Leistung 440 bzw. 588 kW) weder von der Anzahl noch von der Leistung ausreichten, sah sich die RhB nach leistungsfähigeren Fahrzeugen um. Das Pflichtenheft ging von Einsätzen auf der Albulastrecke mit maximal 35 Promille und auf der »Prättigauer Linie« Landquart – Klosters – Davos Platz mit maximal 45 Promille Neigung aus. Die neuen Lokomotiven sollten auf den 35-Promille-Strecken mindestens 200 Tonnen Anhängelast, also das Dreifache ihres eigenen Gewichtes, und auf den 45-Promille-Strecken 150 Tonnen mit einer Geschwindigkeit von 30 km/h befördern können und diese Geschwindigkeit innerhalb von zwei Minuten erreichen. Bei der Talfahrt sollte die elektrische Bremse mindestens die Hälfte des Zuggewichtes in Beharrung halten. Der Achsdruck durfte 11 Tonnen nicht übersteigen, und in den engen Kurvenradien von 100 Metern sollte der Verschleiß an den Schienen deutlich geringer sein als bei den vorhandenen Ge 2/4 und Ge 4/6.

Die Vorgaben der RhB hinsichtlich der Kurvengängigkeit konnten nur von einem Fahrzeug in einer gelenkigen Bauart erfüllt werden, und so entwickelte SLM in Anlehnung an die »Gotthard-Krokodile« auf dem Reißbrett eine nur 13.300 mm lange Schmalspur-Version mit der Achsfolge C´C´. Der Entwurf überzeugte die RhB (im Gegensatz zu einem Entwurf mit drei zweiachsigen Drehgestellen) sowohl technisch als auch optisch, und so bestellte die Bahngesellschaft 1920 bei SLM, BBC und MFO zunächst sechs Lokomotiven mit der

Dachaufbauten der Ge 6/6 I 402 der RhB am 9. August 2013 im VHS Luzern Foto: H.-B. Schönborn

Die wichtigsten, technischen Daten der RhB-»Stammnetz-Krokodile«	
Typenbezeichnung	Ge 6/6 I
Betriebsnummern	401–415
Indienststellung	1921–1929
Stückzahl	15
Achsfolge	C´C´
Spurweite	1000 mm
Länge über Puffer	13300 mm
Länge der Lokomotivbrücke	6810 mm
Totaler Achsstand	10350 mm
Größte Breite	2700 mm
Höhe mit gesenktem Stromabnehmer	3970 mm
Drehgestell-Achsstand	3275 mm
Treibrad-Durchmesser (neu)	1070 mm
Übersetzung der Zahnradgetriebe	1 : 4,134
Antriebsart Fahrmotor–Treibachse	Winterthurer Schrägstangenantrieb
Dienstmasse	66 t
Stromart / -spannung	Wechselstrom / 11 kV / 16,7 Hz
Steuerungsart	Niederspannungs Stufenschalter BBC (Schlittenschalter)
Anzahl / Typ Fahrmotoren	2 BBC-Einphasenserienmotoren
Stundenleistung am Rad	794 kW
Stundenzugkraft am Rad	95,2 kN (9,7 t)
bei	29,2 km/h
Maximale Anzugkraft	152 kN (21,8 t)
Höchstgeschwindigkeit	55 km/h
Fern- / Vielfachsteuerung	keine
Bremsen	Handspindelbremse mit Vakuum gesteuerte Druckluftbremse Rangier-Druckluftbremse (nur auf Tfz. wirkend) Elektrische Widerstandsbremse
Sicherheitseinrichtungen	Totmann-Sicherheitsapparat Integra-Zugsicherung

Lokomotivführer Walter Gabathuler versah am 16. August 2000 seinen Dienst in der Ge 6/6 I 415 wie üblich im Stehen, schließlich heißt es ja auch »Führerstand«. Foto: Markus Strässle

Bezeichnung Ge 6/6 401–406, die von den Eisenbahnfreunden »Rhätische Krokodile«, RhB-intern »C-C« genannt werden. Nach der Elektrifizierung der Strecke Landquart – Davos Platz wurden weitere leistungsstarke Fahrzeuge benötigt, und so folgten 1922 die Ge 6/6 407–410, 1925 die 411 und 412 und 1929 die 413–415, so dass die Baureihe schließlich insgesamt 15 Einheiten umfasste. Mit dieser Anzahl von neuen elektrischen Fahrzeugen konnte die RhB ihre Dampflokomotiven auf dem Stammnetz ersetzen, und der Verkauf der G 4/5 z. B. an die »Ferrocaril de la Robla« in Spanien (7 Einheiten) oder die »Royal State Railways« in Thailand (19 Fahrzeuge) brachte auch durchaus erwünschte Einnahmen, denn die »Krokodile« kosteten 500.000 Franken pro Stück.

Nach Inbetriebsetzung der ersten beiden Hochleistungslokomotiven Ge 6/6 II 701 und 702 im Jahre 1958 wurden die »Rhätischen Krokodile« als Ge 6/6 I bezeichnet.

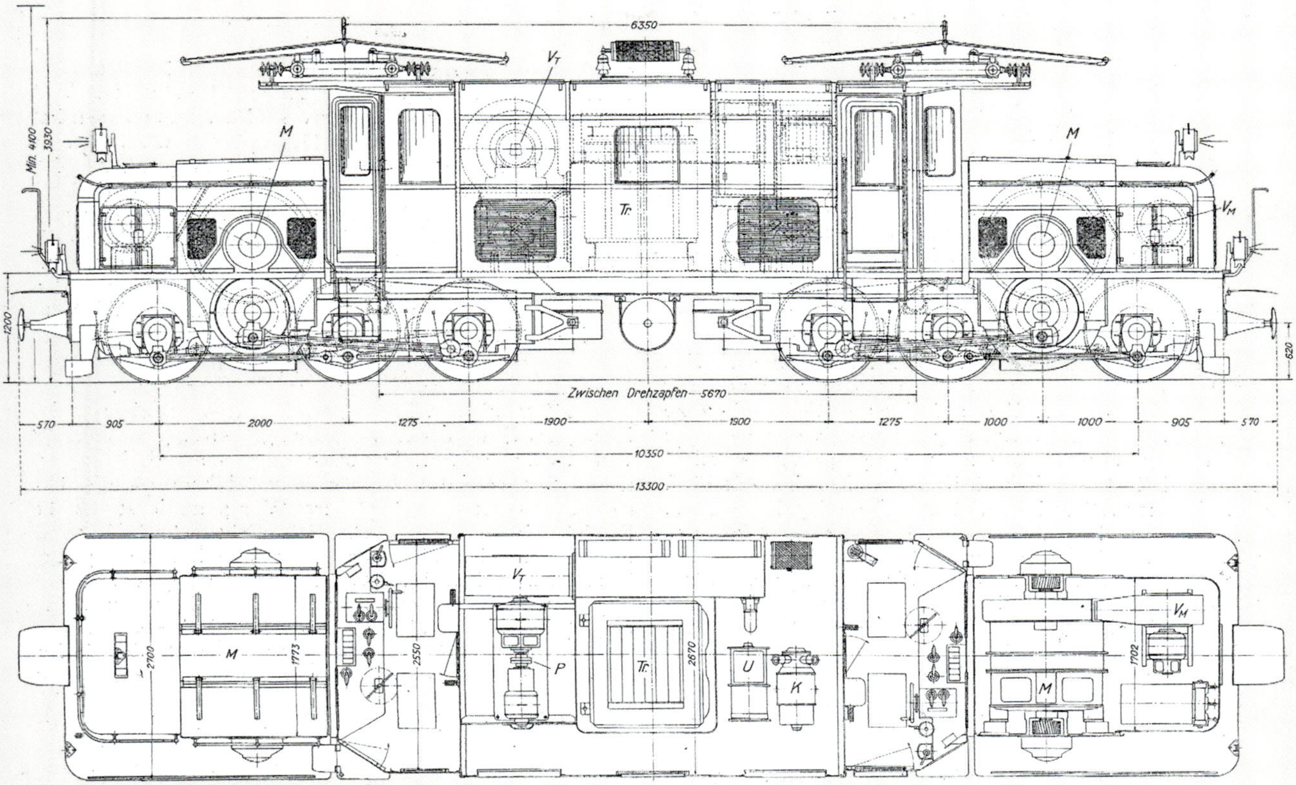

Typenskizze einer Ge 6/6 I von der Seite und von oben

Skizze: Archiv Herbert Stemmler

Die Bauteile der Ge 6/6 I, hier der 406, die am 21. Juli 2004 in Pratteln verladen wurde, waren in sich geschlossen und mit Kabeln verbunden.
Foto: Rolf Wymann

Eines der beiden Triebdrehgestelle der Ge 6/6 I 414 am 11. Juni 1976 in Thusis
Foto: Herbert Stemmler

Die Strecke Reichenau-Tamins – Disentis/Mustér wurde am 1. Juni 1922 dem elektrischen Betrieb übergeben. Den Eröffnungszug führte die festlich geschmückte Ge 6/6 404, bei der – wie damals üblich – beide Stromabnehmer gehoben waren. Gut zu erkennen ist das große Übergangsblech. Auf dem Bild fährt der Zug im Endbahnhof Disentis ein. Foto: Archiv RhB

4.2 Technisches

In technischer Hinsicht waren die 66 Tonnen schweren Ge 6/6, die bei einer Stundenleistung von 882 kW eine Höchstgeschwindigkeit von 55 km/h erreichten, mit den »Gotthard-Krokodilen« eng verwandt, denn auch sie bestanden aus drei großen Bauteilen, zwei niedrigen Vorbauten mit den fest angebauten, dreiachsigen Triebdrehgestellen sowie dem mittig angeordneten Lokomotivkasten, der sich mit Kugelgelenken auf die Drehgestelle abstützte. Zur seitlichen Abstützung dienten auf Federn ruhende Stützen, und am hinteren Ende jedes Drehgestells stütze sich die Brücke mittels einer abgefederten Pendelstütze ab. Dort befand sich auch ein Fangbügel, der das Herausspringen des Drehzapfens aus seiner Pfanne z. B. bei Entgleisungen verhindern sollte. Im Gegensatz zu den Ce 6/8 II und III der SBB übertrug die Stahlbrücke des Kastens sämtliche Zug- und Stoßkräfte, so dass auf eine Kupplung zwischen den Triebdrehgestellen verzichtet wurde.

In jedem der beiden Vorbauten, die etwas schmaler als der Lokomotivkasten waren, wurde ein zwölfpoliger Einphasen-Serien-Fahrmotor zusammen mit den dazugehörigen Ventilationsapparaten untergebracht. Die knapp sechs Tonnen schweren Antriebsmotoren, die eine Leistung von 368 kW erbrachten, ruhten auf Stahlguss-Lagerblöcken, die sich auf dem verstärkten Außenrahmen des Drehgestells abstützten und dort angenietet waren. Sie wurden ursprünglich für die zwischen 1920 und 1923 gelieferten Be 4/6 12303–12342 der SBB konstruiert – es handelte sich also um bereits erprobte Technik. Die Kraftübertragung vom Fahrmotor erfolgte über eine Blindwelle mit einem Kuppelzapfen, der durch eine Schrägstange (Winterthurer Schrägstangenantrieb) mit der Kurbel der inneren Treibachse verbunden war. Kuppelstangen übertrugen die Bewegung auf die beiden anderen Achsen. Es handelte sich übrigens um den gleichen Antrieb, der bereits bei der Ce 6/6 121 der BLS eingebaut worden war. Während die beiden äußeren Achsen eines Drehgestells fest am Außenrahmen angebracht wurden, konnte sich die mittlere Achsen beidseits um 20 mm verschieben, was den Verschleiß am Gleis vermindern sollte. Da der Radstand in den Drehgestellen relativ kurz war, ergab sich auch ein bedeutend günstigerer Anschnittwinkel in den Kurven als bei den älteren RhB-Lokomotiven. Um die Achsdrücke gleichmäßig zu verteilen, waren die Blattfedern der mittleren und äußeren Achsen durch Ausgleichshebel miteinander verbunden.

Der Kasten umfasste die beiden Führerstände und dazwischen den Transformator mit einer Dauerleistung von 940 kVA, den Stufenschalter, die Erregergruppe, Umformer und die Hilfsbetriebe, z. B. die Ventilatoren und den Luftkompressor. Die Seitenwände des Kastens waren unterschiedlich gestaltet: Während auf der Maschinenraumseite durch ein großes Lüftungsgitter die Kühlluft für den Transformator angesaugt werden konnte, gab es auf der anderen Seite ein Glasfenster und zwei mit Jalousien abgedeckte Ventilationsöffnungen. Der von MFO gelieferte Transformator war luftgekühlt, denn ein mit Öl gekühlter Transformator kam aufgrund der Gewichtsvorgaben nicht in Frage. Die Fahrgeschwindigkeit wurde durch einen mit 48 Fahrstufen ausgestatteten BBC-Stufenschalter geregelt, den der Lokomotivführer mittels Ketten- und Transmissionsübertragung mit einem Handrad bediente, das vorne am Führertisch angebracht war. Der pneumatisch betriebene Fahrtrichtungsschalter hatte die Stellungen »Null«, »Vorwärts beschleunigen«, »Elektrisch bremsen« und »Rückwärts beschleunigen«.

Bei der Ablieferung bildete ein großer Scheinwerfer vorne in der Mitte auf dem Vorbau das mittlere Licht des Dreispitzsignals, später wurde er durch eine kleinere Lampe ersetzt, die mittig unter den vorderen Handläufen des Vorbaus angebracht wurde. An der Vorderfront jedes Führerstandes kam

Im Oktober 2003 weilte der bei Stadler Rail in Bussnang gebaute Diesel-Triebzug 4401 + 4501 + 4301 bei der RhB. Um eine Doppeltraktion zu simulieren, das Fahrzeug in den Werkstätten rangieren zu können und als »Angstlok« eingesetzt zu werden, erhielt Ge 6/6 I 414 eine Hilfskupplung. Die Lokomotive wartete am 2. Oktober 2003 in Landquart auf ihren nächsten Einsatz. Foto: Hans Furgler

später zwischen den beiden großen Fenstern noch eine rote Fahrberechtigungslampe hinzu.

Zunächst wurden die Ge 6/6 zweimännig gefahren, doch schon 1929 ermöglichte der Einbau einer BBC-Totmann-Einrichtung und der Integra-Zugsicherung den Einmann-Betrieb. Der Führerstand war – wie in der damaligen Zeit üblich – für die stehende Bedienung ausgestattet, wies aber gegenüber dem Führertisch an der Rückwand einen kleinen Klappstuhl auf. Neben dem Führertisch befand sich eine Tür mit der Aufstiegsleiter; auf der anderen Seite des Führerstandes gab es ebenfalls eine Tür, die auf das Umgangsblech führte, auf dem man die Vorbauten seitlich betreten konnte.

An den Vorbauten ermöglichten verschiedene Klappen, Luken und Hauben einen guten Zugriff auf die technische Ausrüstung der Lokomotive. An der Rückwand des Führerstandes gab es einen Zugang zum Maschinenraum, und ein seitlicher Korridor verband die Führerstände.

Die Spannung für die Zugheizung betrug ursprünglich 300 V, wurde aber später auf 1200 V erhöht, um auch längere Züge heizen zu können. Dabei wurde vom Transformator eine variable Leistung zwischen 125 und 240 kW abgenommen, die sich an die Außentemperaturen und die Wagenzahl anpassen ließ.

Das Dach, das ziemlich weit über die Führerstandfenster hinausragte und so der Lokomotive ihr typisches Aussehen verlieh, konnte für Revisionsarbeiten in fünf Teile zerlegt werden. Über den beiden Führerständen befanden sich zwei Scheren-Stromabnehmer, die pneumatisch gehoben und gesenkt werden konnten. Bis 1948 wurden beide Stromabnehmer an

RhB als Teststrecke

Immer wieder hat die Schweizer Schienenfahrzeug-Industrie meterspurige Lokomotiven und Triebwagen, die für den Export bestimmt waren, bei der RhB getestet, denn nicht nur die Strecken sind anspruchsvoll, sondern auch die Witterungsbedingungen verlangen den Fahrzeugen bisweilen einiges ab, denn die höchste Station, Ospizio Bernina liegt auf 2253 Metern ü. M. Zudem bietet die Hauptwerkstätte in Landquart sehr gute Unterhaltsmöglichkeiten.

Im Oktober 2003 wurden Testfahrten mit dem für die griechischen Eisenbahnen OSE bestimmten Meterspur-Gelenktriebwagen 4401 + 4501 + 4301 durchgeführt. Die Ge 6/6 I 414 hatte eine Hilfskupplung erhalten, um den Diesel-Triebzug abschleppen oder auf dem Gelände der Hauptwerkstätte rangieren zu können bzw. als Anhängelast zu dienen. In der Hauptwerkstätte Landquart wurden im Auftrag der Firma Stadler die übrigen meterspurigen Gelenktriebwagen zusammengebaut, weil die Fahrzeuge bis zu den Olympischen Spielen 2004 zur Verfügung stehen sollten, aber die ursprünglich mit der Fertigstellung beauftragten griechischen Firmen nicht die nötigen Kapazitäten zur Verfügung stellen konnten.

Ge 6/6 I 414 führte den »Güterzug mit Personenbeförderung« (GmP) 4547, Landquart – Thusis – St. Moritz, bei Celerina dem Endbahnhof entgegen. Ganz im Hintergrund ist das Wahrzeichen von Celerina zu erkennen, die Kirche San Gian, deren Turm nach einem Blitzschlag kein Dach mehr hat. Foto: Dietmar Beckmann

Ge 6/6 I 409 ist mit einem Autozug Thusis – Samedan, bestehend aus einem Stahl- und mehreren Autotransportwagen, in der großen Kurve kurz nach dem Bahnhof in Bergün / Bravuogn unterwegs. **Foto: Archiv RhB**

die Fahrleitung angelegt, um eine kontinuierliche Energieversorgung für die Lokomotive sicherzustellen. Nach der Montage von Doppelschleifstücken war nur noch das Anlegen von einem Stromabnehmer nötig.

Im Sommer 1995 erlitt ein Lokomotivführer schwere Verletzungen, weil er den gesenkten, aber über die Dachleitung unter Spannung stehenden Stromabnehmer berührt hatte – ein Unfall, der sich in den Anfängen der elektrischen Traktion bei den »Gotthard-Krokodilen« mehrfach ereignet hatte. Aus Sicherheitsgründen ließ die RhB im August 1995 bei den vier noch einsatzfähigen Ge 6/6 I je einen Stromabnehmer entfernen. Nach vehementen Protesten von Eisenbahn-Freunden und Fotografen sowie einem kritischen Artikel in einer Fachzeitschrift wurden die Stromabnehmer recht bald wieder aufgesetzt, aber weder elektrisch noch pneumatisch angeschlossen, was dazu führte, dass die »Rhätischen Krokodile« – entgegen der üblichen Anordnung – mit einem gehobenen vorderen Stromabnehmer unterwegs waren.

Eine Vakuumbremse nach dem »System Hardy« drückte pro Drehgestell sechs Bremsklötze an die Räder, gleiches galt für die Handspindelbremsen. Die Ge 6/6 besaßen außerdem elektrische Widerstandsbremsen, welche die beim Bremsen von den Motoren erzeugte Energie in Wärme umwandelten und dann in die Luft abgaben, also »vernichteten«. Auf den Einbau einer Rekuperationsbremse wurde aus Gewichtsgründen verzichtet. Mit der elektrischen Bremse ließ sich eine Bremswirkung von bis zu 50 Prozent des Gesamtgewichtes des Zuges erreichen. Parallel zur elektrischen konnte die mechanische Bremsung eingeleitet werden, welche einen Bremsdruck von ungefähr 60 Prozent des Reibungsgewichtes ausübte. In den Fünfzigerjahren erhielten die »Rhätischen Krokodile« eine ausschließlich auf das Triebfahrzeug wirkende Druckluft-Rangierbremse.

Bis in die Fünfzigerjahre wurden die Ge 6/6 bei Winterbeginn auf einer Frontseite mit einem großen, rund 500 Kilogramm schweren Schneepflug ausgerüstet, was aber bedeutete, dass die Lokomotiven bei jedem Fahrtrichtungswechsel auf einer Drehscheibe gewendet werden mussten. Später wurden auf beiden Seiten unter den Stoßbalken kleinere Schneeräumer montiert, die ganzjährig an den Maschinen blieben. Die Stoßbalken wiesen die Zug- und Stoßvorrichtungen gemäß RhB-Norm auf. Über dem Mittelpuffer gab es zunächst ein großes, später ein kleineres Übergangsblech, das hochgeklappt werden konnte und auf der dann sichtbaren Unterseite mit den römischen Ziffern I und II die Lokomotivseite angab.

4.3 Betriebseinsatz

Die Ge 6/6 401–415 kamen nach der Inbetriebnahme zunächst vor allem auf der Albula-Strecke und der »Prättigauer Linie« mit den 35- bzw. 45-Promille-Rampen zum Einsatz. Sie führten die schweren, aber auch hochwertigen Züge, z. B. den »Engadin Express«, der ab 1924 dreimal wöchentlich als Anschluss zum normalspurigen »Calais–Engadin-Express« verkehrte, und »Glacier Express« ab 1930. Mit diesem Zug befuhren sie nicht nur die Strecke St. Moritz – Chur, sondern auch die Vorderrhein-Linie Chur – Disentis/ Mustér. Schwere Züge beförderten sie gelegentlich auch in Doppeltraktion, was aber den Einsatz von zwei Lokomotivführern erforderte, weil die »Krokodile« keine Fern- oder Vielfachsteuerung besaßen.

Ge 6/6 I 414 mit kleinem Übergangsblech stand am 11. Juni 1976 mit einem GmP in Richtung Chur auf Gleis 3 vor dem Empfangsgebäude in Thusis, das 1993 durch einen Neubau ersetzt wurde. Auf Gleis 4 wartete Te 2/2 73 auf seinen nächsten Einsatz. **Foto: Herbert Stemmler**

Eine Zeitlang hatten die noch vorhandenen Ge 6/6 I nur einen Stromabnehmer. Auf dem Bild steht Ge 6/6 I 414 am 10. September 1995 mit einem Sonderzug der »Verkehrsfreunde Stuttgart« und nur einem Stromabnehmer im noch nicht umgebauten Bahnhof Disentis, daneben ein Regionalzug Disentis – Andermatt der FO mit einem FO-D und einem RhB-B. Foto: Detlef Klein

Am 29. Juli 2006 wurde in Filisur die Fertigstellung des umgebauten Bahnhofes gefeiert. Deshalb pendelte die blaue Ge 6/6 I 412 mit dem WR-S 3821, »Stiva Retica«, den gelben Aussichtswagen B2 2091 und 2092 sowie dem Salonwagen As 1141 zwischen Filisur und Wiesen mit Langsamfahrt auf dem Wiesener Viadukt.
Foto: H.-B. Schönborn

Nach Ablieferung der Ge 4/4 I 601–610 im Jahre 1953, der ersten laufachslosen Schmalspur-Drehgestell-Lokomotiven mit Einzelachsantrieb, verloren die Ge 6/6 I die Schnellzug-Dienste, blieben aber im übrigen Zugbetrieb noch jahrzehntelang eine unverzichtbare, wertvolle Stütze des Traktionsdienstes, auch wenn die vollständige Ablieferung der Ge 6/6 II 701–707 die Einsätze der Ge 6/6 I vor allem im Personenverkehr weiter verringerte. Den »Krokodilen« blieben bis 1984 noch die Personenzüge Samedan – Pontresina sowie im Unterengadin nach Scuol-Tarasp. Bis in die Achtzigerjahre legte jedes »Krokodil« zwischen 3,9 und 4,2 Millionen Kilometer zurück.

Nach der Inbetriebnahme der zweiten Serie von Ge 4/4 II, also der Betriebsnummern 621–633, verfügte die RhB die Außerdienststellung von neun überzähligen Ge 6/6 I aus den ersten beiden Baulosen, von denen sechs Exemplare nach der Entnahme der brauchbaren Teile mit Auftrag vom 8. Januar 1986 beim Schrotthändler landeten. Die restlichen fünf Einheiten kamen in den nächsten zehn Jahren vor allem vor leichten Stückgüterzügen und bei Lokomotivmangel zum Einsatz, und die »Güterzüge mit Personenbeförderung« (GmP), die montags bis freitags zwischen Samedan und Thusis bzw. Samedan und Scuol-Tarasp verkehrten, wurden ein beliebtes Fotomotiv. Im Winter beförderten die Ge 6/6 I bisweilen die Autozüge zwischen Thusis und Samedan, wobei die Eröffnung des Autoverlads durch den Vereinatunnel die reinen Autozüge auf der Albula-Strecke entbehrlich machte. Am Ende der Wintersaison 2010/11 wurde der Autoverlad auf der Albula-Linie endgültig eingestellt. Im September 1994 wurden die fünf noch betriebsfähigen Ge 6/6 I aus dem planmäßigen Dienst genommen, und die in Landquart und Samedan stationierten Fahrzeuge kamen bei Nostalgiefahrten, Hochzeitszügen oder einmal in der Woche bei einer Fahrt, die Stillstandschäden vermeiden sollte, zum Einsatz. Auch bei den beiden »Abschiedsfahrten« des RhB-Sanitäts-Eisenbahnzuges der Schweizer Armee in den Jahren 2000 bzw. 2002 gab es eine »Sonder-Bespannung« mit der Ge 6/6 I 415 bzw. 412.

Zurzeit (Stand: 2013) sind noch Ge 6/6 I 414 und 415 als historische Fahrzeuge in einem betriebsfähigen Zustand. Je ein Fahrzeug ist in Landquart und in Samedan stationiert. Neben Sonderfahrten gehört zu den »planmäßigen« Einsätzen der in Samedan stationierten Lokomotive mehrmals im Jahr der aus zwei Art-Déco-Salon-, einem nostalgischen Speise- und einem zweiachsigen, passend lackierten Gepäckwagen bestehende »Alpine Classic Pullman Express« (ACPE) St. Moritz – Zermatt – St. Moritz auf dem Streckenabschnitt zwischen St. Moritz und Disentis/Mustér. Zwischen der Hin- und Rückfahrt des Zuges steht das Krokodil im eingleisigen, hölzernen RhB-Lokschuppen in Disentis/Mustér. An Sonntagen im Sommer befördert das in Landquart beheimatete »Krokodil« den »Albula-Erlebniszug« Landquart – St. Moritz – Landquart, der aus älteren, grünen Personen- und gelben, offenen Aussichtswagen besteht. Auch als »Löschzug« hinter einem Dampfzug kommen die Ge 6/6 I zusammen mit einem Kesselwagen zum Einsatz.

Am Sonntag, 4. August 2013, bestand der »Albula-Erlebniszug« Landquart – St. Moritz aus der Ge 6/6 I 415, den grünen Personenwagen B 2245 und B 2138, den gelben Aussichtswagen B2 2096 (zweiachsig) und B 2111 (vierachsig) sowie dem Güterwagen K1 5615, hier auf dem Schmittentobel Viadukt, der nachhaltig freigeschnitten wurde. Foto: H.-B. Schönborn

Bei der ersten Abschiedsfahrt des RhB-Sanitäts-Eisenbahnzuges der Schweizer Armee führte als »Sonder-Bespannung« die mit Blumen geschmückte Ge 6/6 I 415 den Zug aus zwei Gepäck- und vier Personenwagen älterer Bauart, die für den Einsatz innen umgestaltet worden waren. Das Foto entstand in Küblis. Foto: Markus Strässle

Die Personenwagen B 2211–2218 konnten nicht nur innen für den Transport von Patienten auf Tragen umgestaltet werden, sondern besaßen auch je eine große Öffnung mit einem herausnehmbaren Teil der Wand. Am 10. August 2000 wurde das Verladen von Patienten in Bergün geübt. Foto: Markus Strässle

4.4 Unfälle

Kurz nach ihrer Ablieferung fuhr die Ge 6/6 410 am 20. März 1924 mit dem letzten Personenzug von Davos nach Landquart gegen 20.50 Uhr in der Klus, der engen Schlucht, die das Prättigau vom Rheintal trennt, in einen bis zu drei Meter hohen Schuttkegel, denn kurz vor der Durchfahrt des Zuges hatten sich große Felsmassen von den steilen Wänden zwischen den Stationen Felsenbach und Seewis-Valzeina gelöst. Die Lokomotive wurde durch den auf der Trasse liegenden Schutt aus den Schienen gehoben, stürzte aber nicht um, und die Fahrgäste und das Personal kamen unverletzt mit dem Schrecken davon. Die Räumungsarbeiten dauerten drei Tage, die Reparatur der 410 mehrere Monate.

Gleich drei Ge 6/6, nämlich die Lokomotiven 405, 406 und 407 waren in einen schweren Unfall verwickelt, der sich am Silvesterabend des Jahres 1927 ereignete: Auf dem 101 Meter langen und 40 Meter hohen Val Tisch-Viadukt in der

Ein Triebdrehgestell der Ge 6/6 411, die am 3. August 1931 bei Stuls / Stugl in einen Felssturz gefahren, entgleist und über die steile Böschung in die Tiefe gerutscht war
Foto: Archiv RhB

Die blaue Ge 6/6 I 412 stand am 20. September 2008 ohne Kuppelstangen auf dem Gelände der Werkstätte in Landquart, um zur Recyclingfirma in Untervaz gebracht zu werden. Dem ehemaligen Bernina-Speisewagen WR 3813 erging es etwas besser, denn seine Küche steht im Museum in Bergün.
Foto: Bernhard Willen

Ge 6/6 I 401, die als erste Lokomotive ihres Typs abgebrochen wurde, stand am 18. Juni 1966 in Samedan vor den alten Depot- und Werkstättenanlagen. Foto: Herbert Stemmler

Ge 6/6 I 407 stand am 4. August 2013 vor dem im Juni 2012 eröffneten »Bahnmuseum Albula«. Foto: H.-B. Schönborn

Im Bahnmuseum in Kerzers / Kallnach konnte die am 9. August 2013 die Ge 6/6 I 406 fotografiert werden. Foto: H.-B. Schönborn

Nähe von Bergün stießen zwei Züge frontal zusammen, weil der talwärts fahrende, verspätete Schnellzug 92 St. Moritz – Chur, der von den Ge 6/6 405 und 407 geführt wurde, die nach Muot verlegte, außerordentliche Kreuzung mit dem bergwärts fahrenden Personenzug 63, geführt von der Ge 6/6 406, nicht abgewartet hatte. Die Lokomotiven wurden in der Hauptwerkstätte Landquart in unveränderter Form wieder aufgebaut, auch die vier bei dem Unfall beschädigten Personenwagen wurden repariert, von den beiden Gepäckwagen wurde der F 4026 ausgemustert. Der Zugführer erlitt bei dem Zusammenstoß schwere Verletzungen, einige Reisende leichte.

Am 3. August 1931 geriet der Personenzug 51 zwischen dem Cruschetta- und Surmin-Tunnel bei Streckenkilometer 68,2 in der Nähe von Stuls/Stugl in eine rutschende Felsmasse von 3000 bis 4000 Kubikmetern. Durch einen Felsbrocken entgleiste die Ge 6/6 411, rutschte über die steile Böschung in die Tiefe und riss den folgenden Gepäckwagen F 4023 (Baujahr 1908) mit sich. Der Lokomotivführer wurde tödlich verletzt, das übrige Zugpersonal und die Fahrgäste kamen mit dem Schrecken davon. Der Streckenabschnitt Filisur – Bergün blieb für zwei Tage geschlossen. Die Bergung der Lokomotive und eines der beiden Gepäckwagen gestaltete sich sehr schwierig, denn die Lokomotive musste in ihre Einzelteile zerlegt und zur Kantonsstraße abgeseilt werden. Diese Arbeiten dauerten vom 19. August bis 29. September 1931, aber die Ge 6/6 411 wurde unter Verwendung der noch brauchbaren Teile repariert und unternahm bereits am 11. März 1932 ihre »zweite Probefahrt«.

Im Juli 1936 stürzte Ge 6/6 402 in die Drehscheibengrube, weil die Drehscheibe vor dem Rundlokschuppen in Land-

Doppeltraktionen kamen auch im Plandienst bei den Ge 6/6 I immer wieder vor. Die braune Ge 6/6 I 415 und die blaue Ge 6/6 I 412 schleppten fünf Salon- und einen zweiachsigen, farblich angepassten Gepäckwagen am Beginn der »Ruinaulta« bei Trin. Foto: Tibert Keller

Ge 6/6 I 402 war zusammen mit der Hipp´schen Wendescheibe ein schönes Motiv am 9. August 2013 im VHS in Luzern. Foto: H.-B. Schönborn

Im Verkehrszentrum des Deutschen Museums in München war am 12. August 2013 die Ge 6/6 I 411 zu sehen. Foto: H.-B. Schönborn

Lebenslauf der elektrischen Ge 6/6-Lokomotiven der RhB (Stammnetz)

Typ	Hersteller/Fabrik-Nr.	Inbetriebnahme	BetrNr.	Farbe	Ausrangierung	Bemerkungen
Ge 6/6 I	SLM/BBC/MFO/2753	30.06.1921	401	braun	1974	1973 Unfall bei Cavadürli; Abbruch 1975
Ge 6/6 I	SLM/BBC/MFO/2754	11.07.1921	402	braun	1984	1936 Unfall im Depot Landquart; museal im »Verkehrshaus der Schweiz«
Ge 6/6 I	SLM/BBC/MFO/2755	19.07.1921	403	braun	1984	Abbruch 1986
Ge 6/6 I	SLM/BBC/MFO/2756	30.07.1921	404	braun	1984	31.12.1951: Aufbau zusätzlicher Dachwiderstände; Abbruch 1986
Ge 6/6 I	SLM/BBC/MFO/2757	19.08.1921	405	braun	1984	1927 Unfall bei Bergün; Abbruch 1986
Ge 6/6 I	SLM/BBC/MFO/2758	16.09.1921	406	braun	1984	1927 Unfall bei Bergün; 04.11.1952: Aufbau zusätzliches Dachwiderstände; ab 1986 im BBC-Werk Oerlikon ausgestellt; ab 1999 Denkmal im ABB-Werk Pratteln; seit 2005 im Eisenbahn-Museum Kerzers/Kallnach; 2015 nach Deutschland verkauft (Viessmann, Battenberg)
Ge 6/6 I	SLM/BBC/MFO/2839	20.07.1922	407	braun	1986	1927 Unfall bei Bergün; 21.07.1952: Aufbau zusätzlicher Dachwiderstände; 1956 Achsbruch im Cavadürli-Tunnel; 1981 Achsbruch in Tavanasa; an Schweizerische Bankgesellschaft Zürich; ab 1994 Denkmal beim Bahnhof Bergün; seit 2011 vor dem »Bahnmuseum Albula« in Bergün (mit Loksimulator)
Ge 6/6 I	SLM/BBC/MFO/2840	12.08.1922	408	braun	1984	1944 Unfall in Trin; Abbruch 1986
Ge 6/6 I	SLM/BBC/MFO/2841	29.08.1922	409	braun	1984	Abbruch 1986
Ge 6/6 I	SLM/BBC/MFO/2842	24.10.1922	410	braun	1984	1924 Unfall in der Klus; 1968 Unfall bei Castrisch; Abbruch 1986
Ge 6/6 I	SLM/BBC/MFO/3044	26.10.1925	411	braun	2000	1931 Unfall bei Stuls/Stugl; 13.01.1951: Aufbau zusätzlicher Dachwiderstände; 1988 wieder entfernt; 2000 Unfall in Reichenau-Tamins; seit 2001 Deutsches Museum München (Verkehrszentrum)
Ge 6/6 I	SLM/BBC/MFO/3045	27.11.1925	412	braun	2008	blauer Anstrich ab 2005; Getriebeschaden; Abbruch 2008
Ge 6/6 I	SLM/BBC/MFO/3296	17.06.1929	413	braun	1993	Getriebeschaden; Abbruch 1996
Ge 6/6 I	SLM/BBC/MFO/3297	25.06.1929	414	braun	--	historisches Fahrzeug, betriebsfähig bei RhB
Ge 6/6 I	SLM/BBC/MFO/3298	02.07.1929	415	braun	--	historisches Fahrzeug, betriebsfähig bei RhB

quart falsch stand. Am 12. November 1944 hatte die Lokomotive 408 einen Unfall in Trin. Bei der 407 brach am 10. März 1956 eine Achse im Cavadürli-Tunnel auf der Strecke Kloster Platz – Davos.

Ge 6/6 I 410 kollidierte am 17. Dezember 1968 beim Bahnhof Castrisch auf der »Oberländer Linie« (Chur –) Reichenau-Tamins – Disentis/Mustér mit dem Fahrleitungs-Turmwagen Xm 2/2 9911 (ehemals Xm 2/2 9012). Bei diesem Unfall war ein Todesopfer zu beklagen. Der schwer beschädigte Fahrleitungs-Turmwagen wurde noch an Ort und Stelle abgebrochen, die 410 repariert.

Die Ge 6/6 I 401 führte am 4. März 1973 den Regionalzug 1, den ersten Zug an diesem Tag, von Davos nach Klosters. Kurz nach der Ausweichstation Cavadürli fuhr die Lokomotive gegen 5.30 Uhr auf ein kompaktes Schneebrett, sprang aus den Schienen und überschlug sich. Auch die ersten beiden Wagen des Zuges entgleisten. Glücklicherweise kamen Personal und Fahrgäste mit dem Schrecken davon. Wegen des schlechten Wetters und der schwierigen Zugänglichkeit zum Unfallort konnte die Lokomotive erst am 2./3. Mai mit Hilfe eines Autokrans, der auf einen Flachwagen verladen worden war, geborgen werden, wozu sie in ihre Bauteile, die beiden Triebdrehgestelle und den Kasten, zerlegt wurde. Nachdem die Teile zur Hauptwerkstätte in Landquart überführt worden waren, traf man nach eingehender Überprüfung die Entscheidung, die Lokomotive nicht mehr aufzubauen, sondern auszurangieren.

Wegen der akuten Gefahr von Böschungsbränden schleppte am 24. Februar 2008 der Löschzug, bestehend aus Ge 6/6 I 414 und Xk 9049, den von der G 4/5 107 »Albula« geführten Dampf-Sonderzug nur mit «Schmierdampf« die 27-Promille-Rampe von Trun nach Disentis mit dem sehenswerten Kloster hinauf. Trotzdem musste der Löschzug zusammen mit Feuerwehr und Polizei zu einem Böschungsbrand bei Sumvitg-Cumpadials ausrücken.
Foto: H.-B. Schönborn

Die 401 war also die erste Lokomotive ihrer Baureihe, die verschrottet wurde. In ihrer Dienstzeit, die mehr als 50 Jahre dauerte, hatte die Lokomotive, bei der am 25. August 1972 der Transformator gebrannt hatte, rund 3,9 Millionen Kilometer auf dem Streckennetz der RhB zurückgelegt.

Weil der Julier-Pass nach starken Schneefällen am 4. April 1974 gesperrt worden war, mussten zwischen Thusis und Samedan zusätzliche Autozüge eingesetzt werden. Gegen 12.30 Uhr verließ die Ge 6/6 I 403 Samedan mit einem Personen- und mehreren Flachwagen als Autozug A554F, wurde aber kurz hinter Bever durch einen Schneerutsch gestoppt. Sie schob ihren Zug nach Bever zurück, wo der mit einer Ge 6/6 II bespannte Schnellzug 144, St. Moritz – Chur eingetroffen war. Kurz darauf folgte ein Dienstzug mit dem Schneepflug X 9103 und einer Ge 4/4 I. Ge 6/6 I 403 und Ge 6/6 II wurden diesem Dienstzug beigestellt, um das Gleis bis Spinas zu räumen, doch die Garnitur kam dort nie an, weil die Räder durchdrehten und sich die Kuppelstangen der 403 verbogen und eine Achse entgleiste, was ein RhB-Mitarbeiter noch rechtzeitig merkte, bevor die Schäden größer wurden. Nachdem die Räumgarnitur erneut nach Bever zurückgekehrt war, schaffte die Bernina-Dampfschneeschleuder Xrot 9213 schließlich die Räumung der Strecke.

Am 14. Februar 1981 entgleiste Ge 6/6 407 mit vier Achsen auf der Einfahrtsweiche in Tavanasa, wobei die erste Achse des führenden Triebdrehgestells brach. Die Reparaturarbeiten dauerten bis August 1981.

Am 7. Oktober 1993 beförderte Ge 6/6 I 413 den Zug 274, der aus zwei Zweitklass- und einem Gepäckwagen sowie 15 zweiachsigen Zementsilowagen Uce bestand, von Scuol-Tarasp nach St. Moritz. Zwischen Ftan und Ardez brach ein Kurbelzapfen, so dass die Schräg- und die Kuppelstangen an

Wegen eines eingefrorenen Bremszylinders musste Ge 6/6 I 414 am 12. Februar 2012 dem Dampf-Sonderzug am Schluss der »Davoser Rundfahrt« Landquart – Chur – Thusis – Filisur – Davos – Landquart Vorspann leisten. Das Bild entstand bei Davos Platz.
Foto: Tibert Keller

einem Triebdrehgestell erheblich beschädigt wurden. Nach der Demontage der defekten Teile konnte die Lokomotive noch am gleichen Abend aus eigener Kraft mit einem leichten Güterzug nach Landquart fahren. Dort wurde jedoch keine Reparatur mehr durchgeführt, sondern das Fahrzeug zum Ersatzteilspender degradiert, und am 11. Juli 1996 erfolgte der Abtransport in offenen Güterwagen der SBB zum Abbruch, der im August des gleichen Jahres stattfand.

In Reichenau-Tamins war die Ausfahrt von Gleis 4 und 5 in Richtung Abzweigung Farsch durch ein Gruppensignal geschützt. Als das Signal am 9. Februar 2000 auf Grün wechselte, glaubte der Lokomotivführer von Güterzug 5515, der von Ge 6/6 I 411 geführt wurde und auf Gleis 5 stand, dass dieses Signal ihm gelten würde, und fuhr los. Durch die Schutzweiche wurde der Zug auf das Abstellgleis geleitet und durch den Prellbock bzw. die anschließende Böschung abrupt gebremst. Die Lokomotive erlitt Schäden an der Front und dem vorderen Triebdrehgestell, und in Landquart (bzw. bei der Direktion in Chur) wurde entschieden, das Fahrzeug nach einer Reparatur des Äußeren an das Deutsche Museum in München zu verschenken.

4.5 Verbleib

Neben den beiden Ge 6/6 I, die betriebsfähig sind, existieren noch vier Fahrzeuge dieser Baureihe. Es ist interessant, dass von jedem Baulos noch mindestens eine Maschine erhalten ist: Vom ersten Baulos die 402 und 406, vom zweiten die 407, vom dritten die 411 und vom vierten und letzten die beiden betriebsbereiten Fahrzeuge.

Nach ihrer Ausmusterung im Jahre 1984 kam Ge 6/6 I 402 in das VHS, wo sie in der Halle »Schienenverkehr« unmittelbar neben dem »Gotthard-Krokodil« Ce (Be) 6/8 II 13254 steht, was interessante Vergleiche (und Fotos) erlaubt. Da sich in unmittelbarer Nähe dieser beiden Lokomotiven die hochinteressante Gotthard-Modellanlage sozusagen im ersten Stock der Halle befindet, ist auch ein guter Blick auf die Dächer der beiden Veteranen möglich.

Ebenfalls 1984 wurde Ge 6/6 I 406 ausrangiert, die bereits mehrmals »umgezogen« ist: Ab 1986 stand sie als Denkmal im BBC-Werk in Zürich-Oerlikon; 1999 wurde sie zunächst in das ABB-Werk Pratteln gebracht. Seit 2005 befand sie sich im Eisenbahn-Museum Kerzers/Kallnach, bevor sie 2015 nach Deutschland verkauft wurde (Viessmann, Battenberg).
Ge 6/6 I 407 wurde 1986 ausrangiert und kam zunächst zur Schweizerischen Bankgesellschaft in Zürich, die 1994 auch die Rückkehr der Lokomotive nach Graubünden sponserte. Zunächst stand sie an dem Zufahrtssträßchen zum Bahnhof Bergün, und 2011 kam sie in einer aufwändigen Aktion als Blickfang vor das dortige »Bahnmuseum Albula«, wo sie von den vorbeifahrenden Zügen aus gut zu sehen ist. Sie wurde mit einem Fahrsimulator ausgestattet.

Nach dem oben bereits beschriebenen Unfall in Reichenau-Tamins wurde die Ge 6/6 I 411 im Jahre 2000 abgestellt und später dem Verkehrszentrum des Deutschen Museums auf der Theresienhöhe in München geschenkt, wo sie in denkmalgeschützten, historischen Messehallen in illustrer Umgebung z. B. zu einem Triebkopf des InterCityExperimental (ICE) der Deutschen Bahn steht. Mitgegeben, aber nur als zeitlich begrenzte Leihgabe wurde ihr der Erstklasswagen mit Seitengang A 1154, ein Fahrzeug in schwerer Stahlbauweise aus dem Jahre 1930.

5 | DAS BERNINA-KROKODIL

Als Rückleitung eines Sponsoren-Sonderzuges war Ge 4/4 182, aus St. Moritz kommend, am 2. Juli 2011 mit dem gelben BC 110, dem grünen B 2138, »Filisurer Stübli« und dem gelben C 114 kurz vor der Einfahrt in den Bahnhof Pontresina unterwegs. Foto: Tibert Keller

5.1 Kurzer geschichtlicher Überblick

Nachdem die Albulalinie 1904 bis St. Moritz fertiggestellt war, wurde ein Jahr später die eigenständige Bernina-Bahngesellschaft (»Società per azioni della ferrovia del Bernina« BB) mit Sitz in Basel gegründet, die eine Strecke St. Moritz – Berninapass – Tirano bauen und betreiben wollte. 1906 erhielt die BB eine Konzession für die rund 60 Kilometer lange Strecke, die im Bahnhof St. Moritz wegen des zum Stammnetz unterschiedlichen Stromsystems an einem eigenen Bahnsteig auf einer Höhe von 1776 Metern beginnt, ihren Kulminationspunkt in Ospizio Bernina auf 2253 Metern hat und in Tirano in einem eigenen Bahnhof auf 429 Metern ü. M. endet. Somit beträgt die Summe aller Höhendifferenzen 2428 Meter.

Am 25. September 1976 führte das umgebaute und mit Einholm-Stromabnehmern ausgestattete «Bernina-Krokodil« einen – auch farblich – gemischten Zug am Lago Bianco entlang. **Foto: Ernst B. Leutwiler Verlag, Archiv RhB**

88 Prozent der Gesamtstrecke entfallen auf geneigte Abschnitte, davon 54 Prozent auf Neigungen über 30 Promille. Rund 27 Streckenkilometer weisen eine Steigung von 70 Promille auf, die von Adhäsionsfahrzeugen gerade noch bewältigt werden kann. Dies macht die Berninastrecke zu einer der steilsten auf der Welt. Aber auch die Kurvenverhältnisse sind außerordentlich: 42 Prozent der Strecke liegen in Kurven, davon 30 Prozent in solchen unter einem Radius von 200 Metern. Beim Bau hatten die engsten Kurven einen Radius von 50 Metern. Als einziger Schienenweg über die Alpen besitzt die Berninalinie keinen Scheiteltunnel, was eine weitere Herausforderung für den Winterdienst darstellt.

Auch die Bauarbeiten erwiesen sich durch die langen Winter mit sehr niedrigen Temperaturen als recht schwierig, wurden aber auf beiden Seiten des Passes gleichzeitig ausgeführt, und so konnten 1908 mehrere Teilstrecken in Betrieb genommen werden: am 1. Juli die Abschnitte Pontresina – Morteratsch und Poschiavo – Tirano, am 18. August die Abschnitte Pontresina – Celerina (Staz) und Morteratsch – Bernina Häuser (Suot). Am 1. Juli 1909 folgten die Teilstrecken Celerina – St. Moritz und Bernina Sout – Ospizio Bernina. Ein Jahr später, nämlich am 5. Juli 1910, war auch der schwierigste Abschnitt zwischen Ospizio Bernina und Poschiavo fertig und damit die Gesamtstrecke befahrbar.

Ein kleiner Zug in einer grandiosen Landschaft: Im Winter 1928 waren die auch zur Schneeräumung angeschaffte Ge 4/4 82 und der Schneeräumer X 1002 am zugefrorenen Lago Bianco beschäftigt.
Foto: Archiv RhB

Die Linienführung war ursprünglich für einen touristischen Sommerbetrieb ausgelegt und führte an verschiedenen reizvollen Aussichtspunkten vorbei. Bereits 1913/14 wurde jedoch ein planmäßiger Winterbetrieb aufgenommen, der den Bau von zahlreichen Lawinenverbauungen erforderte, aber trotzdem problematisch blieb und den Einsatz von schweren Räumfahrzeugen nötig machte, z. B. den selbstfahrenden Dampfschneeschleudern G 2 x 3/3 1051 und 1052. Um den Winterdienst zu vereinfachen, wurde 1923 die Strecke bei Kilometer 24,700 begradigt; dort hatten nämlich eine Kurve und eine Gegenkurve an den Abhang des Val Pila geführt und den Fahrgästen einen herrlichen Blick auf das Puschlav und die Bergamasker Alpen ermöglicht, doch im Winter war diese exponierte Stelle dem Wind ausgesetzt, der große Schneeverwehungen auftürmte. Bis heute geblieben ist jedoch die »Himmelskurve« am Ausgang der Station Alp Grüm mit ihrem faszinierenden Blick auf das Puschlav.

Die Bahn verkehrte von Anfang an elektrisch unter Gleichstrom, wobei die Spannung 1935 zur Erhöhung der Leistungsfähigkeit von 750 auf 1000 Volt angehoben wurde.

Die Bahngesellschaft hatte seit der Betriebsaufnahme erhebliche finanzielle Probleme, denn die Baukosten summierten sich bis 1915 auf rund 15 Millionen Franken, und der Erste Weltkrieg sowie die Weltwirtschaftskrise führten zu erheblichen Einbrüchen bei den Fahrgastzahlen. Daran änderten auch die Beschaffung von zwei Speisewagen B4ü 161–162 (später WR 3813–3814) im Jahre 1928 und die Einführung von Pauschalangeboten nur wenig. Und so hatte die BB in den 34 Jahren ihres Bestehens einen Gewinn von nur 190.000 Franken erwirtschaftet, aber Verluste von insgesamt fast elf Millionen Franken. Nachdem der Bund der Bahn bereits mehrmals finanziell unter die Arme gegriffen hatte, weil sie als strategisch und wirtschaftlich wichtig galt, beschloss der Bundesrat am 9. März 1941, dass eine weitere Hilfe nur unter der Bedingung geleistet würde, dass der Betrieb der BB von der RhB übernommen würde bzw. dass die beiden Gesellschaften fusionierten. Die Betriebsübernahme erfolgte per 1. Januar 1942, aufgrund der finanziellen und wirtschaftlichen Strukturen dauerte die Fusion und damit die Auflösung der BB etwas länger: Am 24. Juni 1944 genehmigte eine außerordentliche Aktionärsversammlung die Auflösung der BB und die Fusion mit der RhB rückwirkend auf den 1. Januar 1943. Erst 1949 konnten die Konzession und Infrastruktur des knapp drei Kilometer langen Abschnitts Campocologno – Tirano übernommen werden, der auf italienischem Staatsgebiet liegt.

Gleich nach der Fusion begann die RhB größere Modernisierungsarbeiten an den Fahrzeugen wie an der Infrastruktur, um den schwierigen Winterdienst zu vereinfachen und damit auch kostengünstiger zu gestalten: Unter anderem wurde zwischen Ospizio Bernina und Alp Grüm der an den Lago Bianco hinunterführende Streckenabschnitt mit Aufschüttungen und einer stählernen Pendelpfeilerbrücke neu trassiert.

Zu einem touristischen Magneten ersten Ranges hat sich der 1973 eingeführte »Bernina Express« Chur – Pontresina – Tirano entwickelt, der die »Ableger« Davos – Tirano und St. Moritz – Tirano erhielt und durch den Einsatz von modernen Panoramawagen seit 2000 besonders attraktiv ist.

Die Erstausstattung der BB bestand aus 14 Personentriebwagen BCe 4/4, die allerdings mit Rücksicht auf den Aberglauben mancher Fahrgäste die Betriebsnummern 1–12 und 14–15 führten, dem Gepäcktriebwagen Fe 2/2 51 für den Güterverkehr zwischen Poschiavo und Tirano sowie etlichen Personen-, Güter- und Dienstwagen. Da sich der Güterverkehr erfreulich entwickelte, wurden 1910 die kleinen Lokomotiven Ge 2/2 61 und 62 beschafft, die später auf den Spitznamen »Asnin«, auf Deutsch »Eselchen«, hörten und auch Vorspanndienste übernahmen. Außerdem kamen die Triebwagen BCFe 4/4 21–23 hinzu, die zwar keine höhere Leistung, aber ein Gepäckabteil aufwiesen. 1914 wurde die leistungsfähige Güterzuglokomotive Ge 6/6 81 bestellt, die einen 60 Tonnen schweren Zug selbst bei schwierigen Witterungsverhältnissen über die 70-Promille-Rampen schleppen sollte. Das Fahrzeug kam aufgrund von Rohstoffknappheit im Ersten Weltkrieg erst 1917 in Betrieb und wurde 1929 in eine vierachsige Maschine umgebaut.

1926 beschloss die Bahngesellschaft die Neuanschaffung einer Drehgestell-Lokomotive mit vier angetriebenen Achsen, die vor Personen- und Güterzügen sowie im Winter zu Schneepflugfahrten und als Schiebelokomotive für die Dampfschneeschleudern eingesetzt werden sollte. Dazu mussten die Fahrgeschwindigkeiten von 20, 10 und 5 km/h auf wirtschaftliche Weise erzielt werden. Deshalb sollte jedes Drehgestell mit zwei Zwillingsmotoren ausgerüstet werden, von denen jeder Zwillingsmotor eine Achse antrieb. Um der Gefahr des Rädergleitens bei ganz langsamen Schneeschleuderfahrten bei einer Serienschaltung aller vier Einzelmotoren eines Drehgestells vorzubeugen, sollten die Drehgestellachsen durch einfache Kuppelstangen miteinander verbunden werden. Die Industrie schlug nun Lösungen mit einem reinen Stangenantrieb mit doppelter Zahnradübersetzung bzw.

Ge 6/6 I 412 noch in Braun auf einem Stumpengleis mit Wechselstrom und Ge 4/4 182 noch ohne »Innenleben« am Ende eines Extrazuges in Richtung Poschiavo trafen sich am 27. Oktober 2004 in Pontresina. Foto: Tibert Keller

Vom Vandalismus und dem Zahn der Zeit schwer gezeichnet, stand Ge 4/4 182 am 21. September 1998 zwischen den ASD-Triebwagen ABFe 4/4 12 und ABDe 4/4 3 auf einem Abstellgleis im französischen Saint Georges de Commiers. Foto: Bernhard Willen

Die wichtigsten, technischen Daten des RhB-»Bernina-Krokodils«

Typenbezeichnung	Ge 4/4
Betriebsnummer	(1) 82
Indienststellung	1928
Stückzahl	1
Achsfolge	Bo´Bo´
Spurweite	1000 mm
Länge über Puffer	14000 mm
Länge der Lokomotivbrücke	7800 mm
Totaler Achsstand	10000 mm
Größte Breite	2480 mm
Höhe mit gesenktem Stromabnehmer	3760 mm
Drehgestell-Achsstand	2100 mm
Treibrad-Durchmesser (neu)	975 mm
Übersetzung der Zahnradgetriebe	1 : 7,000
Antriebsart Fahrmotor–Treibachse	SAAS-Federantrieb
Dienstmasse	42 t
Stromart / -spannung	Gleichstrom / 1000 V
Steuerungsart	mechanisch-pneumatische Schützensteuerung
Anzahl / Typ Fahrmotoren	acht / TC 404 (SAAS)
Stundenleistung am Rad	560 kW
Stundenzugkraft am Rad	12,8 t
bei	16 km/h
Maximale Anzugkraft	14,2 t
Höchstgeschwindigkeit	45 km/h
Fern- / Vielfachsteuerung	keine
Bremsen	Handspindelbremse, Vakuumbremse, elektrische Widerstandsbremse, fahrleitungsunabhängige, elektromagnetische Schienen-bremse
Sicherheitseinrichtungen	Totmann-Sicherheitsapparat

Anmerkung:
Die angegebenen Daten entsprechen dem Stand nach dem Umbau (1945) bzw. der Restaurierung (2010).

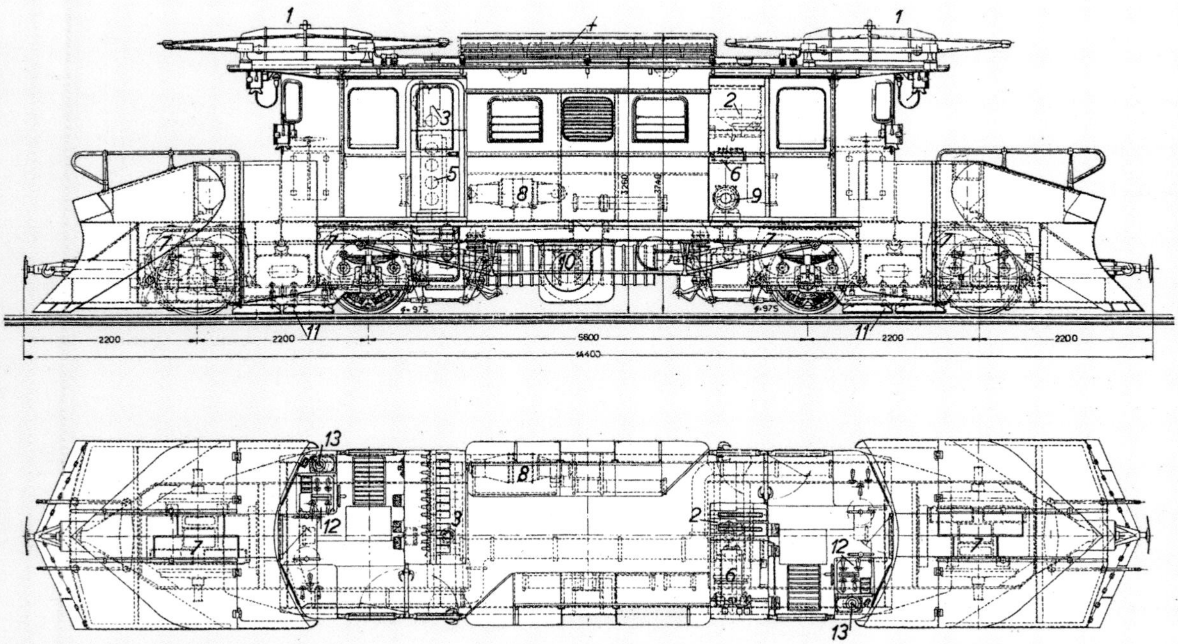

Typenskizze der Ge 4/4 (1)82 der BB (RhB) von der Seite und von oben

Skizze: Archiv Herbert Stemmler

Zeichenerklärung:
1 Stromabnehmer
2 Hauptschalter (Linienhüpfer)
3 Gruppierungs- und Widerstandshüpfer
4 Anfahr- und Bremswiderstände
5 Wendeschalter
6 Feldschwächschalter
7 Triebmotoren
8 Motor-Kompressor
9 Motor-Vakuumpumpe
10 Motor-Ventilator
11 Schienenbremsmagnete
12 Steuerkontroller
13 Vakuumbremskontroller

Im Auftrage des Herstellers SAAS stellte sich das »Bernina-Krokodil« im Ablieferungszustand mit einem schweren Personenzug dem Fotografen am Lago Bianco.
Foto: Archiv RhB

Am 23. Juli 2011 war Ge 4/4 182 mit den beiden auf der Bernina-Strecke einsetzbaren Salonwagen As 1141 und 1142 als talwärts fahrender Extrazug auf der Straße bei der Einfahrt in den Grenzbahnhof Campocologno unterwegs. Foto: Tibert Keller

einen Einzelantrieb mit Kupplung der Drehgestellachsen vor, denen SAAS einen Einzelachsantrieb mit Federantrieb für kleine Treibraddurchmesser gegenüberstellte. Schon auf der geringsten Geschwindigkeitsstufe von 5 km/h war die im Hinblick auf die Schienenreibung günstige Parallelschaltung der Motoren vorgesehen. Zusammen mit der Brückenschaltung für den Übergang von einer Geschwindigkeitsstufe in die nächste ohne Zugkraftverminderung war eine Lösung gefunden worden, welche es ermöglichte, die Kuppelstangen zwischen den Achsen eines Drehgestells wegzulassen, ohne dass beim Schleudern einer Treibachse die Zugkraft der übrigen vermindert wurde. Dieses Konzept überzeugte die BB, und sie bestellte als letztes Triebfahrzeug in ihrer Geschichte bei SAAS und SLM die Lokomotive Ge 4/4 82, auch unter der Bezeichnung »Bernina-Krokodil« bekannt. Obwohl es sich um eine »Einzelstück« handelt, wird der Kaufpreis mit nur 160.000 Franken angegeben.

Das umfangreiche, detaillierte Pflichtenheft verlangte von der Lokomotive, dass sie eine Anhängelast von 47 Tonnen auf der Höchstneigung von 70 Promille bei einer mittleren Fahrdrahtspannung von 800 Volt mit 20 km/h dauernd befördern konnte. Bei hochsommerlichen Temperaturen sollten ohne Überhitzung vier Fahrten mit 47 Tonnen auf der Strecke Poschiavo – Alp Grüm – Poschiavo (33 Kilometer, durchweg 70 Promille) mit einer Wendezeit von fünf Minuten in den Endbahnhöfen sowie anschließend eine Fahrt Poschiavo – Pontresina – Poschiavo (knapp 76 Kilometer, Neigung auf zehn Kilometern 37 Promille, im übrigen 70 Promille) möglich sein. Bei jeder Bergfahrt sollten an jeder beliebigen Stelle der Strecke auf 70 Promille fünf Anfahrten aus dem Stillstand möglich sein. Die Fahrmotoren sollten so bemessen sein, dass bei der Talfahrt das gesamte Lokomotivgewicht mit der Widerstandsbremse dauernd abgebremst werden konnte. Die Maschine sollte eine maximale Anfahrzugkraft am Rad von

12,8 Tonnen entwickeln und auf der Steigung von 70 Promille und in Kurven mit einem Radius von 45 Metern sicher mit der Anhängelast von 47 Tonnen anfahren, wobei sie in rund 75 Sekunden eine Geschwindigkeit von 20 km/h erreicht haben sollte. Außerdem verlangte das Pflichtenheft das Anbringen von je einem schweren Schneepflug vorne und hinten, wie sie von der BB bisher auf besonderen zweiachsigen Fahrzeugen mit gutem Erfolg angewendet wurden. Neben den beiden Führerständen sollte der Lokomotivkasten noch einen Raum für 12 bis 15 Arbeiter sowie für Schneeräumungswerkzeuge umfassen. Als Bremsen wurden vorgeschrieben: eine Hardy-Vakuum-Bremse mit Sonderbrems-Einrichtung für die Lokomotive, eine Handbremse, die auf beide Drehgestelle wirkt, eine elektrische Widerstandsbremse als Betriebsbremse und als Notbremse eine elektro-magnetische Schienenbremse, deren Gleitschuhe zwischen den beiden Achsen jedes Drehgestells eingebaut werden sollten.

5.2 Technisches

Während die Ge 4/4 82, die im März 1928 ihren Dienst aufnahm, das eine Kriterium für eine »Krokodil-Lokomotive« nicht erfüllt, da sie keinen Stangen-, sondern einen Einzelachsantrieb und nur zwei Achsen pro Drehgestell besitzt, ist das andere Kriterium erfüllt: Sie besteht aus drei großen Bauteilen, den beiden Vorbauten über den beiden Drehgestellen und dem fest auf der Lokomotivbrücke verankerten Lokomotivkasten, der in zwei Zapfen auf den Drehgestellen ruht und sich mittels Federn auf deren Rahmen abstützt. Im Ablieferungszustand besaß die Lokomotive auf jeder Seite einen überdimensionalen Keilschneepflug, der fast eine Tonne schwer war, über die Vorbauten hinwegragte, der vorne durch herabklappbare Bleche bis auf 40 Millimeter über Schienenoberkante reichte und aus dem vorne der Mittelpuffer sowie die Zugvorrichtungen herausschauten. Um dem Zugbegleiter

Ge 4/4 182 mit der eigentlich selbstfahrenden Dampfschneeschleuder Xrotd 9213 bei einer »Schaufahrt« am 23. Februar 2013 in der Nähe des Bahnhofes Ospizio Bernina
Foto: Tibert Keller

Ge 4/4 182 stand am 19. Juni 2010 vor der Depotwerkstätte in Poschiavo teilweise auf der kleinen Drehscheibe. Foto: H.-B. Schönborn

den Übertritt auf die Lokomotive zu ermöglichen, führte durch die Mitte der Schneepflüge ein Gang. Ein solides Geländer, das oben aus dem Schneepflug herausragte, also dem Schneedruck standhalten musste, diente beim Übertritt als Hilfe. Um das Eindrücken der Führerstand-Stirnwandtüren durch den bei Räumfahrten vorgestoßenen Schnee zu vermeiden, konnte der Gang durch Hochklappen des Übertrittstückes abgeschlossen werden. Jeder Schneepflug war zudem beidseitig mit kräftig gebauten Verbreiterungsflügeln versehen, die in geöffneter Lage das geräumte Profil von 2500 auf 3200 Millimeter erweiterten. Um ein günstiges Anschmiegen der seitlichen Flügel an den Lokomotivkasten während der Kurvenfahrt zu erreichen, mussten die Drehzapfen hinter die inneren Achsen verlegt werden. Die in der Mitte jedes Drehgestelles angeordneten Stützzapfen besaßen wegen der kleinen Kurvenradien eine seitliche Gleitfähigkeit von zweimal 275 Millimetern. Zusätzlich waren außerhalb des Rahmens in der Querachse der Drehzapfen seitliche Zusatzabstützungen mit Spiralfedern angeordnet, die das Einstellen der Achsdrücke ermöglichen und gleichzeitig zur Seitenstabilität des Kastens beitragen sollten.

Obwohl der Kasten 990 Millimeter und das gesamte Fahrzeug vor dem Umbau 1100 Millimeter länger war als die »Stammnetz-Krokodile« der RhB, handelte es sich um ein vierachsiges Fahrzeug mit der Achsfolge Bo´Bo´. Beim Umbau, der zwischen 1944 und 1946 stattfand und bei dem die RhB die Ge 4/4 technisch optimierte, wichen die Schneeräumer kleineren Vorbau-Hauben, die jeweils vorne Platz ließen für eine Plattform, die mit einem Geländer gesichert war, und an den Seiten für einen Umgang. Über den Mittelpuffern wurden Übergangsbleche angebracht. Durch den Umbau verringerte sich die Länge des Fahrzeugs von 14.400 auf 14.000 Millimeter und das Gewicht um knapp zwei Tonnen. Allerdings hatte sich auch die Gewichtsverteilung zwischen den Vorbauten und dem Kasten verändert, was durch einen Umbau der exzentrisch eingebauten Drehzapfen für den

Am 28. Mai 2010 unternahm Ge 4/4 182 zusammen mit der Zweisystem-Lokomotive Gem 4/4 801 eine Lastprobefahrt, bei der die 801 zugleich die »Angstlokomotive« für Notfälle und die Last war. Im Bahnhof Ospizio Bernina wurde eine Zugskreuzung abgewartet. Foto: Hans Furgler

Kasten ausgeglichen wurde, die in die Mitte der Drehgestelle versetzt wurden. Außerdem wurde der Achsstand in den Drehgestellen verringert.

Der Lokomotivkasten, der auch einen Raum für den Material- und Personaltransport mit zwei von außen zugänglichen, diagonal gegenüberliegenden Türen umfasste, wies auf der einen Seite drei Fenster, auf der anderen zwei Fenster und eine Jalousie zwischen den Fenstern auf. Neben den beiden Führerständen und einem Aufenthaltsraum für eine Schneeräumequipe von etwa zehn Personen enthielt der Kasten u. a. den Motor für den Kompressor, den Motor für die Vakuumpumpe, den Haupt- und die Widerstandshüpfer und die Akkumulatoren-Batterie. Unter der Brücke war – neben zwei großen Vakuumbehältern für die Bremse nach dem »System Hardy« – der Motor für den Ventilator zur Kühlung der Motoren angebracht.

Wie bereits erwähnt, besaß die Ge 4/4 82 den moderneren Einzelachsantrieb, denn jede der vier Achsen wurde durch zwei paarweise angeordnete SAAS-Motoren mit einer Dauerleistung von je 46 kW angetrieben, wobei die Drehmomentübertragung durch den leistungsfähigen Federantrieb von SAAS erfolgte. Diesen Hohlwellenantrieb mit Federelementen hatte SAAS von Westinghouse übernommen. Es kam eine pneumatisch angetriebene Schützensteuerung zur Anwendung.

Bei ihrer Ablieferung verfügte die Ge 4/4 82 über zwei Scherenstromabnehmer mit einem einteiligen Schleifstück, die 1966 durch zwei Einholmstromabnehmer ersetzt wurden, die von den Bernina-Triebwagen ABe 4/4 30 und 37 stammten. Für die Sonderausstellung »Krokodile auf dem Schienenstrang« im VHS kamen erneut Scherenstromabnehmer auf das weit über die Führerstände gezogene Dach, um das ursprüngliche Aussehen wieder herzustellen.

Ge 4/4 182 führte am 2. Juli 2011 einen Sonderzug aus den zweiachsigen Personenwagen C 114, B 2138 und BC 110 für alle, die an der Instandsetzung beteiligt waren, in der Nähe des Bernina-Passes. Foto: Hans Furgler

Lebenslauf der elektrischen Ge 4/4-Lokomotive der RhB (Bernina-Bahn)

Typ	Hersteller/Fabrik-Nr.	Inbetriebnahme	BetrNr.	Farbe	Ausrangierung
Ge 4/4	SLM/SAAS/3210	10.03.1928	82	braun	17.04.1984

Bemerkungen

1945: umfangreicher Umbau; 1961: 182 als neue Betriebsnummer; 1978–1981 im »Verkehrshaus der Schweiz« ausgestellt; anschließend in Landquart abgestellt; von 1984 bis 2000 bei der Museumsbahn La Mure (Frankreich) abgestellt; Mai 2000: Rückkehr in die Schweiz; danach Aufarbeitung; Juni 2010: Wiederinbetriebnahme bei der RhB (Bernina-Strecke)

Das Bild von der Ge 4/4 182 mit einem Sonderzug entstand am 19. Juni 2010 etwa an der gleichen Stelle wie das Foto auf Seite 83. Die Installation im Wasser des Lago Bianco wurde anlässlich der 100-Jahr-Feierlichkeiten der Bernina-Bahn errichtet. Foto: H.-B. Schönborn

Seit der Ablieferung waren die Anfahr- und Bremswiderstände sowie die Drosselspule auf dem Dach installiert. Solange die Maschine mit den großen Schneepflügen ausgerüstet war, befanden sich die beiden unteren Lampen des Dreispitzsignals an der Außenwand des Führerstandes oberhalb des Schneeräumers, nach dem Umbau waren sie an den Vorbauten platziert. Die obere Leuchte hing zunächst etwas weiter vorne unter dem Dach, um die zu räumende Strecke zu beleuchten, später war sie in der Mitte an der Außenwand des Führerstandes angebracht.

Die Führerstände der Ge 4/4 82 waren – wie für die damalige Zeit üblich – für die stehende Bedienung ausgerüstet. Sie wiesen vorne in der Mitte eine Tür auf, rechts und links daneben leicht abgewinkelt je ein Fenster, wobei dasjenige vor dem Führerpult mit einem Scheibenwischer ausgestattet war. Neben dem Führertisch befand sich in der Außenfront ein Fenster, auf der gegenüberliegenden Seite waren es ein Fenster und daneben die eigentliche Tür mit der Aufstiegsleiter. Im Führerstand, der eine Tür zum Apparateraum besaß, waren auch verschiedene Haupt- und Beleuchtungsschalttafeln angebracht.

Ge 4/4 182 mit den Salonwagen As 1141 und 1142 auf dem Wahrzeichen der Bernina-Strecke, dem Kreisviadukt von Brusio

Die Geschwindigkeit wurde über einen mechanisch-pneumatisch angetriebenen Kontroller mit zwölf Fahrstufen geregelt, der mittels eines Handrades geschaltet wurde, das vorne am Führertisch angebracht war.

Das »Bernina-Krokodil« war immer braun lackiert mit einem schwarzen Untergestell und schwarzen Drehgestellen. Die Betriebsnummern und das Kürzel für die Bahngesellschaft bestanden aus einzelnen Messingbuchstaben.

5.3 Betriebseinsatz

Beim »Bernina-Krokodil« Ge 4/4 82, das auch »Wiesel« genannt wurde, handelte es sich um eine Universal-Lokomotive, die bis zur tatsächlichen Fusion von BB und RhB im Jahre 1944 beinahe täglich ohne größere Störungen mit allen möglichen Zügen unterwegs war. Als Schneeräumfahrzeug bei mittleren Schneehöhen (statt der personal- und kostenaufwändigen Dampfschneeschleudern) konnte die Lokomotive trotz der riesigen Schneepflüge nicht überzeugen, weil die Schneepressung im Verhältnis zum Adhäsionsgewicht zu groß war. Deshalb verwundert es auch nicht, dass die Ge 4/4 82 beim Umbau ihre Schneepflüge verlor.

1961 erhielt die Lokomotive die Betriebsnummer 182, 1973 verlor sie nach der Inbetriebnahme der Triebwagen ABe 4/4 II 47 – 49 ihre planmäßigen Dienste und kam nur noch vor Dienstzügen zum Einsatz, und im Herbst 1978 wurde sie mit einer Laufleistung von rund einer Million Kilometern abgestellt. Von November 1978 bis November 1981 weilte sie

Foto: Tibert Keller

im Rahmen der bereits erwähnten Sonderausstellung im VHS, kam danach wieder nach Landquart, aber nicht mehr auf die Bernina-Strecke zurück, bevor sie am 17. April 1984 offiziell ausrangiert wurde. Es erfolgte der Verkauf an die Chemins de Fer de la Mure in Frankreich, die etwa 15 Kilometer südlich von Grenoble die 30 Kilometer lange Strecke Saint Georges de Commiers – La Mure als Museumsbahn betreibt. Dort konnte die Lokomotive aber nicht fahren, weil die Spannung 2400 V beträgt und die Bahn die Kosten für eine Aufarbeitung des Fahrzeugs unterschätzt hatte. Und so stand das Fahrzeug im Freien und rostete – auch dem Vandalismus ausgesetzt – so langsam seinem Ende entgegen. Da die Ge 4/4 182 in verschiedener Hinsicht ein historisch wertvolles Fahrzeug ist, gab es immer wieder Überlegungen, die Maschine in die Schweiz zurückzuholen, aber ebenso oft scheiterten die Vorhaben an der Finanzierung. Doch 1999 gelang es der Gruppe »Associazione 182« des »Club 1889«, der sich sehr erfolgreich für die Erhaltung und Restaurierung historischer RhB-Fahrzeuge einsetzt, die inzwischen schwer beschädigte Lokomotive zu erwerben, im Mai 2000 in die Schweiz zurückzuholen und in mühe- wie liebevoller Kleinarbeit aufzuarbeiten. Am 28. Mai 2010 unternahm die Lokomotive ihre erste Probefahrt aus eigener Kraft, die sehr erfolgreich verlief, und seit Juni 2010 ist das »Bernina-Krokodil« offiziell wieder in Betrieb und wird für Sonderfahrten z. B. mit dem »Pullmanzug Bernina« eingesetzt.

5.4 Unfälle

Während die Ge 4/4 (1)82 zu BB-Zeiten ohne größere Probleme unterwegs war, gab es zu RhB-Zeiten zwei schwere Unfälle:

Am Nachmittag des 29. Juli 1953 stieß am Ausgang einer Kurve, die nur wenige hundert Meter von der Station Ospizio Bernina entfernt ist, der in Richtung Poschiavo fahrende Personenzug 479, geführt von dem Triebwagen BCFe 4/4 38, mit dem aus Alp Grüm kommenden Bedarfsgüterzug 980F, geführt von der Ge 4/4 82, zusammen. Der Triebwagenführer erlitt tödliche Verletzungen, 22 Reisende wurden verletzt, sechs davon schwer. Die beiden Triebfahrzeuge wurden schwer beschädigt, gleichfalls der Personenwagen BC 1419 und der Gepäckwagen FZ 4057; ein Güterwagen wurde fast völlig zerstört. Der Unfall war auf einen Fehler des Abfertigungsbeamten in der Station Ospizio Bernina zurückzuführen, der die Strecke für den Personenzug freigab, obwohl der angekündigte Güterzug noch nicht eingetroffen war. Die Ge 4/4 82 wurde in der Form aufgebaut, die sie nach dem Umbau erhalten hatte.

Am 25. Januar 1962 entgleiste die Ge 4/4 182 mit ihrem Güterzug bei Campascio auf dem Streckenabschnitt Brusio – Campocologno. Durch einen Bedienungsfehler des Lokomotivführers geriet der aus dem gedeckten, zweiachsigen Güterwagen K 5264 und zweiachsigen Kesselwagen OC3 8102 und OC1 8107 bestehende Zug rückwärts in Bewegung. Der Lokomotivführer konnte sich mit einem Sprung aus dem Fahrzeug retten, denn der Zug gewann rasch an Fahrt, sprang in der nächsten Kurve aus den Schienen und landete in einem Feld. Das Öl musste vollständig abgepumpt werden, bevor die Wagen wieder auf die Schienen gesetzt werden konnten. Die Reparaturarbeiten an der Lokomotive dauerten bis zum 12. Mai 1962, die drei Güterwagen wurden 1963 abgebrochen.

6 DIESEL-KROKODILE Gm 4/4

Am 5. Juli 2010 unternahm die frisch revidierte und lackierte D 4 der HMB mit dem Spitznamen »Jumbo« eine Testfahrt Neresheim – Härtsfeldwerke 1. Foto: Hannes Ortlieb

6.1 Kurze geschichtliche Überblicke

6.1.1 Die Luzern–Stans–Engelberg-Bahn (LSE)

Die Geschichte der LSE begann eigentlich im Jahre 1890, als eine Konzession für eine schmalspurige Bahnstrecke von Stansstad zum Klosterdorf Engelberg erteilt wurde. Die Eröffnung der 23 Kilometer langen Strecke, die von Anfang an elektrifiziert und zur damaligen Zeit die längste, elektrisch betriebene Eisenbahnlinie der Schweiz war, fand am 5. Oktober 1898 durch die »Stansstad–Engelberg-Bahn« (StEB) statt. Gemäß dem damaligen Stand der Technik war die Bahn mit Drehstrom von 750 V und 32 Hz elektrifiziert, wovon man sich auch Vorteile für den Betrieb auf dem Zahnstangenabschnitt zwischen Grafenort und Engelberg mit einer Steigung

Lokomotive Nr. 4 bei dem Kalkwerk Virkkala in Finnland
Foto: Peter Berger

am Vierwaldstättersee endete und man den Endpunkt von Luzern aus mit dem Schiff erreichte, wurde 1956 eine Konzession zur Weiterführung der Strecke nach Hergiswil mit Anschluss an die meterspurige Brünigbahn der SBB erteilt, deren Nutzung sich aber aufgrund von finanziellen Schwierigkeiten verzögerte, und so wurde die Anschlussstrecke Stansstad – Hergiswil erst am 16. Dezember 1964 eröffnet, nachdem vor allem die Adhäsionsstrecke nach den Normen der Brünigbahn vollständig saniert, teilweise auch neu trassiert und die gesamte bestehende Linie auf Wechselstrom von 15 kV 16,7 Hz umgebaut worden war. Von da an konnten durchgehende Züge Luzern – Engelberg geführt werden, und die auch finanziell sanierte Gesellschaft erhielt den Namen »Luzern–Stans–Engelberg-Bahn«. Am 30. Juni 2004 ermächtige der Bundesrat die SBB, die Brünigbahn Luzern – Meiringen – Interlaken Ost an die LSE zu verkaufen, wobei die SBB durch neu ausgegebene Aktien der LSE entschädigt wurde, und seit dem 1. Januar 2005 heißt die fusionierte Bahngesellschaft »Zentralbahn« (zb). Mit einer mehrjährigen Verspätung, die durch große, nicht vorhergesehene geologische Probleme, z. B. mehrere Wassereinbrüche, hervorgerufen wurde, konnte der 4043 Meter lange »Tunnel Engelberg«, der offiziell »Stocktunnel« heißt, am 12. Dezember 2010 eröffnet werden, der zwar auch mit einer Zahnstange ausrüstet, aber mit maximal 105 Promille weniger steil als die frühere Strecke ist und deshalb eine erhebliche Kapazitätssteigerung mit sich brachte.

6.1.2 Die Furka–Oberalp-Bahn (FO)

Die FO hatte eine Vorgängergesellschaft, denn nach einer langen, verworrenen Vorgeschichte wurde am 27. Mai 1910 die Aktiengesellschaft »Brig–Furka–Disentis-Bahn« (BFD) gegründet, und die Geldgeber stammten vor allem aus französischen Finanzkreisen, die auch großen Einfluss auf die Pläne und die Bauarbeiten ausübten.

Gm 4/4 111 der LSE sah schon etwas traurig aus, als sie am 24. Februar 2005 vor einem Schüttgutwagen in Stansstad abgestellt war. Foto: H.-B. Schönborn

Am 30. Juni 1914 wurde zwar die offizielle Eröffnung des Streckenabschnitts Brig – Gletsch gefeiert, doch die amtliche Abnahme fand erst nach der Ausführung umfangreicher Nacharbeiten im Sommer 1915 statt. Probleme beim Furka-Scheiteltunnel und der Ausbruch des Ersten Weltkrieges stürzten die Gesellschaft in eine finanzielle Krise, die 1923 mit dem Konkurs endete. Ein von der Visp–Zermatt-Bahn gegründetes Syndikat, dem mehrere Kantone sowie die Schöllenen- und Rhätische Bahn angehörten, rettete die vorhandene Infrastruktur und das Rollmaterial und baute die Strecke zu Ende, die im Oktober 1925 probeweise von der neu gegründeten FO eröffnet wurde. Bis zum 31. Dezember 1960 unterstand die FO der Direktion der VZ, 1961 fusionierte sie mit der 1917 gegründeten, ursprünglich eigenständigen und von Anfang an elektrifizierten Schöllenenbahn (SchB). Ein großes Problem für die FO war die Tatsache, dass in jedem Winter die bekannte Steffenbach-Brücke wegen Lawinengefahr zusammengeklappt und der Betrieb zwischen Oberwald und Realp eingestellt werden mussten. Da auch der Betrieb über den Oberalppass wegen Lawinengefahr fast jedes Jahr für mehrere Tage eingestellt werden muss, bestand die Strecke im Winter aus zwei oder drei Teilen, was die Betriebsführung sehr erschwerte. Nach einer mehr als zehnjährigen Planungs- und Bauzeit, die von geologischen Problemen, großen Kostenüberschreitungen und Schwierigkeiten mit der Bauleitung geprägt war, konnte der Furka-Basistunnel, der mit 15.381 Metern bis 1999 als längster Schmalspurtunnel der Welt galt und dann vom Vereina-Tunnel der RhB abgelöst wurde, 1982 in Betrieb genommen werden. Er entwickelte sich recht rasch zu einer »Erfolgsstory« – nicht nur, weil der »Glacier Express« ganzjährig geführt werden konnte, sondern vor allem wegen des boomenden Autoverlads Oberwald – Realp. Die alte Strecke über den Furkapass war 1981 offiziell stillgelegt worden, sie wurde von der »Dampfbahn Furka-Bergstrecke« (DFB) übernommen und 1999 wieder an das FO-Netz angeschlossen.

Heute wird sie als Museumsbahn mit Dampflokomotiven im Sommer betrieben. Im Oktober 1998 erfuhr das Streckennetz der FO eine Erweiterung, denn die Baustelle für den so genannten »Zwischenangriff Sedrun« des Gotthard-Basistunnels wurde mit einem zwei Kilometer langen, teilweise mit einer Zahnstange ausgerüsteten Anschlussgleis und einem Baubahnhof erschlossen. Nach der Inbetriebnahme des Basistunnels werden diese Anlagen wieder abgebaut. Am 1. Januar 2003 fusionierte die FO mit der benachbarten BVZ zur Matterhorn–Gotthard-Bahn (MGBahn).

6.1.3 Die »Arnold Jung Lokomotivfabrik«

Die »Arnold Jung Lokomotivfabrik« in Kirchen an der Sieg hat insgesamt mehr als 12.800 Lokomotiven nachweislich hergestellt, vor allem Feldbahn-Lokomotiven, aber auch 1959 die 23 105, die letzte an die DB gelieferte Neubau-Dampflokomotive, außerdem Dampfkessel für andere Einsatzbereiche wie Straßenwalzen. Gegründet wurde die Firma am 13. Februar 1885 von Arnold Jung und Christian Staimer als »Jung & Staimer OHG«, und ein halbes Jahr später, nämlich am 3. September 1885, wurde die erste Lokomotive, eine normalspurige Dampflokomotive für eine Zuckerfabrik, geliefert. Die Feldbahn-Lokomotiven waren für Händler wie Orenstein & Koppel in Berlin oder Fritz Marti in Winterthur bestimmt. Nach dem Tod von Arnold Jung erfolgte 1913 die Umwandlung der Firma in »Arnold Jung Lokomotivfabrik GmbH, Jungenthal«. In den Zwanzigerjahren begann die Produktion von Lokomotiven mit Dieselmotoren sowie von Akku- und Pressluft-Grubenlokomotiven. 1976 wurde die Lokomotivproduktion für andere Produkte, z. B. Werkzeugmaschinen, Transportwagen, Panzerplatten, Kräne oder Brückenausleger, aufgegeben. Am 30. September 1993 erfolgte die Schließung des Werkes, allerdings besteht die Jung-Jungenthal GmbH weiter als »Jungenthal Systemtechnik GmbH«.

6.2 Gm 4/4 111 der LSE

Unter der Fabriknummer 12.022 mit Baujahr 1954 hat die »Arnold Jung Lokomotivfabrik« eine meterspurige Diesellokomotive mit der Achsfolge B′+B′ gebaut, die für den Export nach Brasilien vorgesehen war, denn die Konstruktionszeichnungen des Herstellers zeigen das Lichtraumprofil der Leopoldina-Bahn, die von Rio de Janeiro aus mehrere Schmalspurlinien betrieb.

Ab dem 25. April 1954 wurde dieses Fahrzeug zusammen mit anderen bei der »Deutschen Industrie-Messe« in Hannover ausgestellt, weil die Firma Jung ihre Leistungsfähigkeit im

Im Mai 1954 unternahm die fabrikneue Diesellokomotive, die heutige D 4 der HMB, ihre Probefahrten auf der Härtsfeldbahn. Foto: Sammlung HMB

Lokomotivbau zeigen wollte. In der Nacht vom 14. auf den 15. Mai 1954 kam die Lokomotive in Aalen an, um mehrere Tage lang auf der 55 Kilometer langen Härtsfeldbahn Aalen – Ballmertshofen – Dillingen getestet zu werden. Der Albaufstieg bei Aalen mit Steigungen bis 30 Promille und Kurvenradien von 80 Metern stellte nämlich eine gute »Teststrecke« dar. Als offizielles Liefer- bzw. Abnahmedatum gilt der 30. Mai 1954. Im August des gleichen Jahres sollte die Maschine auf der Weltausstellung in Sao Paulo gezeigt werden, doch dazu kam es aus unbekannten Gründen nicht mehr. Die Lokomotive wurde nicht nach Brasilien geliefert, sondern zum Jahreswechsel 1955/56 an das Zement- und Kalkwerk Virkkala in Virkby im Süden Finnlands verkauft, wo sie mit der Betriebsnummer 4 auf einer sechs Kilometer langen Industriebahn zur Bahnlinie Hangö – Hyvinkää verkehrte. Als 1970 ein See in den bergmännisch vorgetriebenen Kalkabbau einbrach, wurden der Betrieb und die Bahnlinie eingestellt.

Da die LSE zu Beginn der Siebzigerjahre umfangreichen Güterverkehr auf teilweise nicht elektrifizierten Rangiergleisen abwickelte, suchte die Bahn nach einem leistungsfähigen, fahrdrahtunabhängigen Reservefahrzeug. Es war jedoch kein intensiver Einsatz geplant, so dass auch ein gebrauchtes Fahrzeug in Frage kam. Deshalb kaufte die LSE die vom Kalkwerk angebotene Lokomotive, an der die »Montreux–Oberland Bernois« (MOB) ebenfalls interessiert war, ließ sie per Schiff und Bahn in die Schweiz bringen, wo sie im September 1972 ankam, und sogleich in der eigenen Werkstätte in Stansstad umbauen. Am 30. August 1974 nahm das umgebaute Fahrzeug nach der Kollaudation durch das Bundesamt für Verkehr (BAV) offiziell seinen Betrieb als Gm 4/4 111 bei der LSE auf.

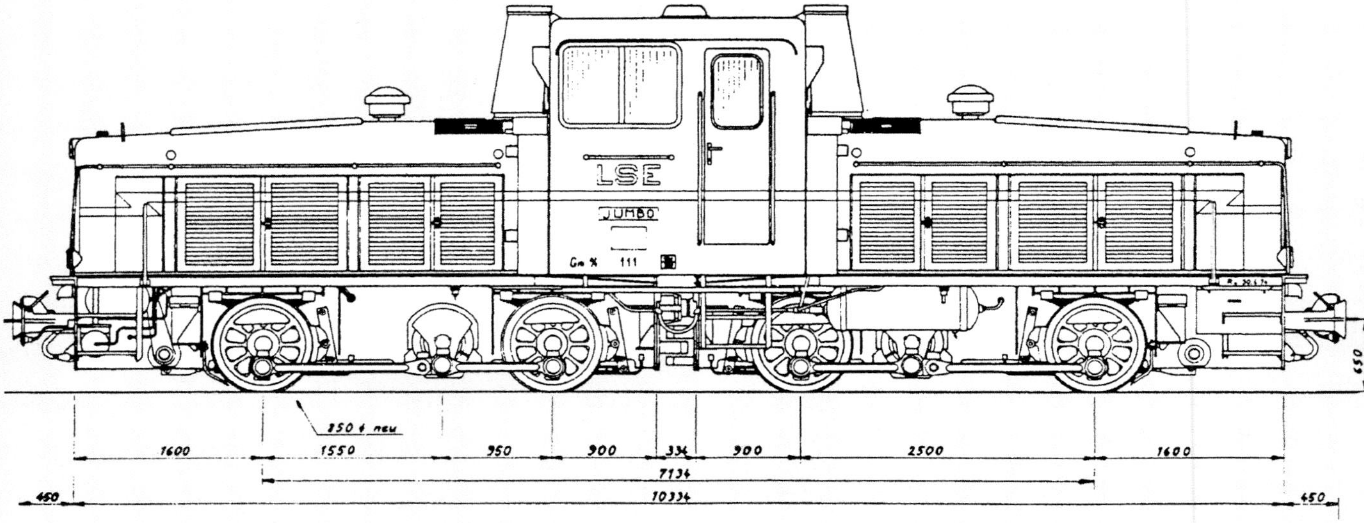

Typenskizze der D 4 der HMB von der Seite Skizze: Sammlung HMB

Die wichtigsten technischen Daten der Diesel-»Krokodile«

Typenbezeichnung	Gm 4/4	Gm 4/4	Baureihe V 29	Baureihe V 30
Eigentümer	Härtsfeld-Museumsbahn	MGBahn	MEG/SWEG/DEV	EPG/Krb.O.K.
Betriebsnummern	D4	70	951–953	---/12
Spitzname	»Jumbo«	»Elch«		
Stückzahl	1	1	3	1
Inbetriebsetzung in der Schweiz	1972	1980	---	---
Umbau durch Bahngesellschaft	1972–1974 / LSE	1980–1981 / FO	---	---
Achsfolge	B´ + B´	B´ + B´	B´ + B´	B´ + B´
Spurweite	1000 mm	1000 mm	1000 mm	1000 / 750 mm
Länge über Puffer	11234 mm	12280 mm	9140 mm	9580 mm
Achsstand	7130 mm	7134 mm	6280 mm	6440 mm
Anzahl Fahrmotoren	zwei	zwei	zwei	zwei
Anzahl Treibachsen	vier	vier	vier	vier
Treibrad-Durchmesser (neu)	850 mm	850 mm	850 mm	850 mm
Getriebe	Dreigangschaltung	Dreigangschaltung		2 x Voith-Turbo-Getriebe
Antriebsart Fahrmotor–Treibachse	Stangenantrieb	Stangenantrieb	Kettenantrieb	Gelenkwelle, Achsgetriebe
Antrieb	dieselhydraulisch	dieselhydraulisch	dieselhydraulisch	dieselhydraulisch
Dienstmasse	36 t	37,6 t	29,2 t	32 t
Stundenleistung	345 kW	330 kW		
Stundenleistung an Welle	2 x 184 kW	2 x 178 kW	2 x 107 kW	2 x 107 kW
Höchstgeschwindigkeit	40 km/h	40 km/h	35 km/h	55 km/h
Fern- / Vielfachsteuerung	keine	keine	keine	keine
Bremsen	automatische Rangierbremse, Handspindelbremse, Druckluftbremse	Vakuumbremse, Handspindelbremse, Druckluftbremse, Feststellbremse	Knorr Druckluftbremse, Handspindelbremse, Saugluftbremse	Druckluft, Westinghouse
Einsatzmöglichkeit	nur Adhäsion	nur Adhäsion	Adhäsion	Adhäsion

Am 22. September 2005 kam die Gm 4/4 111 als Schwertransport bei der HMB in Neresheim an und wurde mit Hilfe einer so genannten »Kletterweiche« vom Straßenfahrzeug abgeladen, ein schwieriges, aufwändiges Verfahren, bei dem die Lokomotive auch entgleisen und herabstürzen kann. Deshalb wird es nur angewendet, wenn kein direkter Gleisanschluss besteht. Foto: Jürgen Ranger

6.3 Technisches

Die Gm 4/4 111 kann man als »echtes Krokodil« bezeichnen, denn sie besteht aus zwei kurzgekuppelten, zweiachsigen Triebgestellen, zwischen denen sich mittig in Dreipunktlagerung die Führerkabine befindet. Jedes Drehgestell besitzt einen Acht-Zylinder-Dieselmotor der »Motorenwerke Mannheim« (MWM) mit einer Leistung von 184 kW, bei dem es sich eigentlich um einen Schiffsmotor handelt, der aber sehr abgasarm ist und über eine Kardanwelle auf das hydraulische Voith-Turbogetriebe wirkt. Dieses überträgt das Drehmoment auf das Wendegetriebe und von dort über eine Blindwelle, Kurbeln und Kuppelstangen auf die beiden Triebachsen. Da jeder Motor seinen eigenen Anlasser, eine Lichtmaschine, eine Starterbatterie, einen Kompressor, einen 800 Liter Treibstoff fassenden Tank, eine Auspuffanlage und eine automatische Druckluftbremse hat, kann die Lokomotive bei leichteren Traktionsdiensten oder Alleinfahrten auch nur mit einem Motor fahren.

In der geräumigen Kabine befindet sich für jede Fahrtrichtung ein Führertisch, von dem aus beide Motoren mittels eines Handrades, die Rangierbremse sowie das Ventil der automatischen Druckluftbremse bedient werden können. Die Spindel-Handbremsen wirken jedoch jeweils nur auf ein Drehgestell. Außerdem verfügt die Lokomotive über eine Wachsamkeitskontrolle, eine amerikanische Dreiklangpfeife und über automatische +GF+-Kupplungen, die erst beim Umbau durch die LSE auf Deformationselemente mit 480 kN Nennkraft aufgebaut wurden. Dank ihrer Anfahrzugkraft von 120 kN (12 Tonnen) konnte die Lokomotive, die den Spitznamen »Jumbo« trug, bei Fahrleitungsstörungen jeden von einem Triebwagen geführten LSE-Zug abschleppen.

6.4 Betriebseinsatz und Verbleib

Die Gm 4/4 besaß keinen Zahnrad-Antrieb, und so versah sie hauptsächlich den schweren Rangierdienst in Stansstad. Außerdem beförderte sie Bau-, Dienst- und Güterzüge auf dem Adhäsionsabschnitt Hergiswil – Stans – Obermatt sowie bei der benachbarten Brünigbahn auf dem Streckenabschnitt Luzern – Hergiswil – Sarnen – Giswil. Dank ihrer Leistung von 345 kW konnte sie bei einem Dienstgewicht von 36 Tonnen eine Anhängelast von 450 Tonnen mit einer Höchstgeschwindigkeit von 40 km/h bewegen. Da der Güterverkehr ständig abnahm, eine umfangreiche Revision mit völliger Demontage des Fahrzeugs und einem Neuanstrich samt den entsprechenden Kosten bevorstand und nach der Fusion von LSE und Brünigbahn eine »Bereinigung« des Fahrzeugparks stattfand, wurde die Gm 4/4 111 mangels Bedarf in Stansstad abgestellt.

Schließlich übergab die zb den »Jumbo« als Geschenk der Härtsfeld-Museumsbahn (HMB), und am 21./22. September 2005 wurde die Maschine auf einem Straßentransporter von Stansstad nach Neresheim überführt, wo sie schon ihre Probefahrten unternommen hatte. Nach einer gründlichen Revision, bei der die hydraulische Steuerung der Motoren gewisse Probleme bereitete, und einer Neulackierung in der ursprünglichen Farbgebung mit einem roten Kasten und roten Vorbauten auf einem schwarzen Fahrwerk unternahm die Lokomotive wieder Probefahrten; sie wird von der HMB als »D 4« bezeichnet und soll hauptsächlich als Bau- und Reservefahrzeug eingesetzt werden.

6.5 Gm 4/4 71 der FO

Mit der Fabriknummer 13.950 lieferte die »Arnold Jung Lokomotivfabrik« eine zweite fast baugleiche, aber mit einer Stundenleistung von 330 kW etwas leistungsschwächere Diesellokomotive an das Kalkwerk in Virkby, die mit der Betriebsnummer 5 eine Dampflokomotive ersetzte und durch die Werksschließung 1970 ebenfalls arbeitslos wurde. Von 1971 bis 1976 war sie auf einer Holztransportbahn bei Honkataipale tätig, danach folgte ein kurzes Gastspiel bei der Firma T. Saalasti in Helsinki.

1980 kaufte die FO die Maschine, der das Personal wegen der finnischen »Herkunft« den Spitznamen »Elch« gab, und setzte sie testweise im Oberwallis ein. Beim Umbau in der Depotwerkstätte Brig erhielt sie in den Jahren 1980/81 an beiden Fronten Rangierplattformen, Treppen und Geländer sowie Zug- und Stoßvorrichtungen nach RhB-/FO-Norm. Zugleich wurde sie mit einer modernen Funkeinrichtung, einer Vakuumbremse für Anhängewagen, einer Druckluft-Rangierbremse und einer Feststellbremse ausgestattet. Als Baudienstlokomotive erhielt sie zudem einen orangefarbenen Anstrich. So kam sie ab März 1981 als Gm 4/4 71 beim Endausbau des Furka-Basistunnels zum Einsatz.

6.6 Betriebseinsatz

Nach der Eröffnung des Basistunnels blieb die Lokomotive in Oberwald stationiert, wo sie den nicht sehr umfangreichen Rangierdienst versah. Außerdem kam sie mit Bauzügen zum Einsatz, im Winter auch mit dem Spurpflug auf den Adhäsionsstrecken im Nahbereich von Oberwald, und sie diente als Reserve für mögliche Tunnelrettungseinsätze, für die ein thermisches Fahrzeug vorgehalten werden musste. Bei einer Revision erhielt die Gm 4/4 71 im Jahre 1987 einen roten FO-Anstrich, und ab 2000 hat sie ein Gastspiel in Sedrun für Rangierfahrten im Zusammenhang mit dem »Zwischenangriff« für den Gotthard-Basistunnel absolviert. Seit der Fusion von FO und BVZ trägt sie das Signet »Wind« der Matter-

MIt der neuen Betriebsnummer 70 und dem Signet »Wind« der MGBahn stand die Gm 4/4 am 20. August 2010 in Oberwald und war mit einem Kabel an den Strom angeschlossen, um jederzeit einsatzbereit zu sein.
Foto: H.-B. Schönborn

horn–Gotthard-Bahn, außerdem seit 2005 die Betriebsnummer 70, weil bei der BVZ die Rangierlokomotiven Gm 3/3 71 und 72 sowie Tm 2/2 73 bereits vorhanden waren. Ob die Gm 4/4 bei der Instandsetzung des Furka-Basistunnels in den nächsten Jahren eingesetzt werden kann, ist zurzeit fraglich, weil das Fahrzeug keinen Partikelfilter besitzt.

6.7 Die deutschen Geschwister der Baureihe V 29

Um die aus der Jahrhundertwende stammenden Dampflokomotiven ersetzen zu können, hat die Deutsche Bundesbahn drei meterspurige Diesellokomotiven der Baureihe V 29 bestellt, die die »Arnold Jung Lokomotivfabrik« 1952 mit den Fabriknummern 11.463–11.465 für die Pfälzischen Lokalbahnstrecken Mundenheim – Meckenheim (19 Kilometer lang) und Neustadt an der Weinstraße – Speyer (29 Kilometer lang) geliefert hat. Die Fahrzeuge trugen die Betriebsnummer V 29 951 und 952 (Mundenheim – Meckenheim) sowie 953 (Neustadt – Speyer). Gemäß Vorgaben der DB handelte es sich um robuste Fahrzeuge mit einer guten Streckensicht, geringer Achslast und möglichst niedrigen Unterhaltskosten.

6.8 Technisches

Die Fahrzeuge bestanden aus zwei kurzgekuppelten, niedrigen Vorbauten mit den Triebdrehgestellen, die gleich aussahen, und einem mittig angeordneten, auf den Antriebseinheiten ruhenden Führerstand, dessen Unterkonstruktion auf

V 29 952 wartet im Bahnhof Altensteig auf ihren nächsten Einsatz.
Foto: Otto Blaschke

dem einen Triebdrehgestell mit einem Lagerpunkt drehbar gelagert war, auf dem anderen mit zwei längenverschiebbaren Lagern. Die Lokomotiven besaßen eine Balancierhebelkupplung, bei der hinter dem Mittelpuffer ein beweglicher Balancierhebel montiert ist, an dem auf der einen Seite ein Haken, auf der anderen eine Kuppelkette mit Spannschloss angebracht sind.

Die Motoren stammten von Klöckner-Humboldt-Deutz, die Kraftübertragung erfolgte jeweils über ein Voith-Getriebe, ein Wendegetriebe und Ketten auf die beiden Achsen. Die V 29 wiesen einen baugleichen Antrieb wie die Köf II auf und konnten deshalb als doppelte Köf II mit Mittelführerstand angesehen werden. Ein zusätzlicher Hilfsdiesel versorgte die Hilfsbetriebe mit Energie, z. B. drei Generatoren für die Beleuchtung von Lokomotive und Zug, einen Kompressor für die Druckluftbremsen und einen Luftsauger für die Saugluftbremse. Der Hilfsdiesel und die Hilfsbetriebe waren auf der einen Antriebseinheit montiert, die Batterien und die Hilfsluftbehälter für die Bremsen auf der anderen. Fahrkurbeln regelten die eingespritzte Kraftstoffmenge über die Einspritzpumpen an beiden Motoren, was eine genaue Einstellung erforderte, damit die Motoren synchron liefen. Da die Lokomotiven keinen Heizkessel besaßen, mussten die Personenzüge einen Dampfspeicherwagen als Heizwagen mitführen.

V 29-01 der SWEG hat am 7. August 1980 gerade einen auf einen Rollwagen verladenen, normalspurigen Schüttgutwagen an den Zielort des Transports, Lichtenau-Ulm, gebracht.
Foto: Robert Angerhausen

Am 4. August 2012 entstand dieses »Typenfoto« der V 29 beim »Deutschen Eisenbahn-Verein«. Foto: Regine Meier

Schöner lässt sich die Stimmung auf einer schmalspurigen Nebenbahn kaum einfangen: V 29 am 1. August 2009 mit einem bunten Zug auf der Strecke des »Deutschen Eisenbahn-Vereins«. Foto: Regine Meier

Der Führerstand der V 29 von innen mit einem »verregneten« Blick auf den Fahrzeugpark des »Deutschen Eisenbahn-Vereins« am 9. August 2010
Foto: Regine Meier

Spitzen-licht
Vorbau-leuchte
Getriebe-füllung
Strecken-laterne weiss
Strecken-laterne weiss
Scheiben-wischer
Läuten
Sanden
Ein
Rot
Rot
Vakuumbremse
Hauptm. Aus
GETRIEBE
Aus
Vollast
Lufthorn

Vor der Betriebswerkstätte in Schwarzach wartete V 29-01 der SWEG am 7. August 1980 mit aufgesteckter Schlusstafel auf den nächsten Einsatz.
Foto: Robert Angerhausen

6.9 Betriebseinsatz und Verbleib

Obwohl es im ersten Betriebsjahr Lagerschäden gab und die Lokomotiven fast vier Monate im Bahnbetriebswerk Ludwigshafen waren, um die zu schwache Konstruktion der Hilfsmaschinen zu verstärken, bewährten sich die Fahrzeuge im Betrieb, und 1953 wurde die Höchstgeschwindigkeit durch einen Wechsel der Kettenräder auf 42 km/h heraufgesetzt.

Nach der vollständigen Stilllegung der Ludwigshafener Bahn Ende 1955 wurde die V 29 951 zunächst zur Lokalbahn Neustadt – Speyer und nach deren Einstellung im Jahre 1956 zusammen mit der V 29 953, die auf ihrer Strecke zuletzt für Güterzüge und zum Abbruch der Anlagen eingesetzt worden war, zur 23 Kilometer langen Walhallabahn Regensburg-Stadtamhof – Wörth an der Donau gebracht. Als auf dieser Strecke am 31. Dezember 1968 der letzte Güterzug gefahren war, erfolgten die Ausmusterung und bald darauf der Abbruch der Lokomotiven V 29 951 und 953.

Nach dem Umbau der Zugbremse auf Druckluft und der Kupplung auf Kuppelhaken kam V 29 952 im Mai 1956 von Ludwigshafen zur 15 Kilometer langen Strecke Nagold – Altensteig, wo sie um 1960 an den Ecken von Vorbau und Führerhaus zunächst auf einer Seite, dann auf beiden einen Warnanstrich erhielt. Im »Umzeichnungsplan 1968« der DB wurde sie als 299 952-2 vorgesehen. Allerdings wurde die Maschine nach der Stilllegung der Strecke Nagold – Altensteig bereits 1967 an die »Mittelbadische Eisenbahnen AG« (MEG) verkauft, bei denen sie bis 1980 auf der 20 Kilometer langen Strecke Schwarzach – Rastatt als V 29 01 ihren Dienst versah, nachdem erneut die Kupplung angepasst worden war. Bei der MEG wurden die Warnstreifen entfernt und an den Vorbauten durch einen umlaufenden Zierstrei-

Die als Lokomotive 12 bezeichnete V 30 der »Krb.O.K.« rangierte am 25. Juli 1964 im Bahnhof Osterode Nord.
Foto: P. Pekny †, Sammlung Harald O. Kindermann

fen ersetzt. 1971 erfolgte die Umzeichnung in »Südwestdeutsche Eisenbahn AG« SWEG V 29-01. Außerdem erhielt die Lokomotive in den Siebzigerjahren neue Frontlichter und eine orange Lackierung mit einem hellblauen Zierstreifen, der oberhalb der Frontlichter um die ganze Lokomotive lief. 1980 wurde bei der SWEG der meterspurige Restbetrieb eingestellt, die V 29-01 an die Deutsche Gesellschaft für Eisenbahngeschichte (DGEG) verkauft und am 12. November 1981 in das Rhein–Neckar-Eisenbahnmuseum in Viernheim (Hessen) überführt. Nachdem diese Schmalspursammlung der DGEG aufgelöst worden war, kaufte der 1964 gegründete Deutsche Eisenbahn-Verein (DEV) im Jahre 1997 die Lokomotive. Der Verein betreibt die knapp acht Kilometer lange Meterspur-Strecke Bruchhausen-Vilsen – Asendorf. Dort wurde die nicht mehr betriebsfähige Lokomotive als »DEV V 29« in den Bestand aufgenommen und aufgearbeitet, was aufgrund der langen Abstellzeit und verschiedener Transportschäden recht aufwändig war. Seit 9. Juni 2001 ist sie wieder betriebsfähig und wird in der ursprünglichen weinroten Lackierung vor Reisezügen eingesetzt.

6.10 Eine weitere Halbschwester, die V 30

1957 lieferte die »Arnold Jung Lokomotivfabrik« an die meterspurige »Kreisbahn Emden – Pewsum – Greetsiel« (EPG) mit der Fabriknummer 12.252 eine dieselhydraulische Lokomotive mit der Achsfolge B′ + B′, deren Bauart sich stark an die Lokomotiven der Baureihe V 29 anlehnte. Das Fahrzeug, das bei der EPG als »V 30« eingereiht wurde, war für den Rollbockbetrieb auf der 23 Kilometer langen EPG-Strecke bestimmt, so dass es bereits werkseitig mit Normalspurpuffern und -kupplungen ausgestattet wurde. Dadurch veränderte sich jedoch bei der Lokomotive die Gewichtsverteilung, was erhebliche konstruktive Änderungen gegenüber der Baureihe V 29 bedeutete. Außerdem besaß das Fahrzeug einen Kardan- statt des Kettenantriebs und ein Vorschaltgetriebe, um die gewünschte Höchstgeschwindigkeit von 55 km/h zu erreichen.

Nach der Einstellung des Betriebs auf der EPG am 25. Mai 1963 wurde die Lokomotive noch im gleichen Jahr an die »Kreisbahn Osterode – Kreiensen« (Krb.O.K.) verkauft, die eine 33 Kilometer lange Strecke betrieb, dort mit

Lebenslauf der Diesel-Krokodile

Typ	Hersteller/Fabrik-Nr.	Übergabe	1. Besitzer	BetrNr.	Farbe	2. Besitzer	seit	in der Schweiz	Umbau	BetrNr.	Bemerkungen
								seit / bei			
Gm 4/4	Jung/MWM/12.022	1954	Kalkwerk Virkkala	4	Gelb/ Grün			1972 / LSE	1972–74	111	Rangierdienst, Bau- und Güterzüge; 2005: durch Fusion zur zb; Stilllegung; Geschenk an HMB; ab 2005: Aufarbeitung; 2013: Betriebszulassung steht bevor
Gm 4/4	Jung/MWM/13.950	1966	Kalkwerk Virkkala	5	Gelb/ Grün	Holzwerk Kymmene	1971	1980 / FO	1980–81	71	Einsatz im Furka-Basistunnel; Stationierung in Oberwald; durch Fusion zur MGBahn neues Signet; seit 2005 Betriebsnummer 70
Deutsche Bundesbahn											
V 29	Jung/KHD/11.463	1952	DB	951	Wein-rot	---	---	---	---	---	Strecke Mundenheim – Meckenheim; 1953 Wechsel der Kettenräder; Ende 1955 zu Lokalbahn Neustadt – Speyer; 1956 zu Walhallabahn; 1969 Abbruch
V 29	Jung/KHD/11.464	1952	DB	952	Wein-rot	---	---	---	---	---	Strecke Mundenheim – Meckenheim; 1953 Wechsel der Kettenräder; 1956 Umbau; 1956 zu Strecke Nagold – Altensteig; 1960 Warnanstrich; 1967 an MEG; Umbau, Umnummerierung in V 29 01; 1971 Umzeichnung in SWEG V 29-01; 1981 Verkauf an DGEG; 1997 Verkauf an DEV; Restaurierung; seit 2001 im Betriebseinsatz
V 29	Jung/KHD/11.465	1952	DB	953	Wein-rot	---	---	---	---	---	Strecke Neustadt – Speyer; 1953 Wechsel der Kettenräder; 1956 zu Walhallabahn; 1969 Abbruch
V 30	Jung/12.252	1957	EPG		Wein-rot	Krb.O.K.	1963	---	---	---	1963 Umspurung und Umbau; 1966 Achsbruch; 1971 Abbruch

Die Anfang 1957 in Dienst gestellte Diesellok V 30 der Kreisbahn Emden – Pewsum – Greetsiel (EPG) am 25. August 1958 mit dem Güterwagen 1573 (ex Nr. 12) vor dem Lokschuppen in Emden. Den Dampflokeinsatz hatte die EPG Ende der 1950er Jahre mit dem Erscheinen der Diesellok beendet.
Foto: Gerd Wolff/Archiv Eisenbahnstiftung

der Betriebsnummer 12 eingereiht und auf eine Spurweite von 750 Millimetern umgespurt. Dies war kein großes Problem, weil die Lokomotiven der Baureihen V 29 und V 30 von der Firma Jung für Spurweiten von 750 bis 1062 Millimetern vorgesehen waren. Allerdings kam auf der »Kreisbahn Osterode – Kreiensen« ein anderer Typ von Rollböcken zum Einsatz, so dass die Normalspurpuffer und -kupplungen um rund 200 Millimeter nach unten versetzt werden mussten, was einen größeren Aufwand bedeutete.

Nachdem die Lokomotive bei der EPG ohne Probleme gefahren war, erlitt sie 1966 bei der Krb.O.K. einen Achsbruch, wobei die defekte Achse zwar ausgebaut, aber nicht mehr repariert wurde, weil sich die Betriebseinstellung ankündigte, die im Jahre 1967 auch erfolgte. Die Maschine stand dann noch fünf Jahre – abgestützt auf einen Rollbock – mit nur drei Achsen herum und wartete auf eine Instandsetzung oder einen Käufer, bis sie 1971 nach insgesamt nur zehn Betriebsjahren verschrottet wurde.

7 »ZAHNRAD-KROKODILE« DER ZERMATTBAHN

Die mit »Visp – Zermatt« in aufgesetzten Großbuchstaben angeschriebene HGe 4/4 13 stellte sich mit einem Glacier Express dem Fotografen.
Foto: Archiv MGBahn

7.1 Kurzer geschichtlicher Überblick

Das Walliser Bergdorf Zermatt wurde anlässlich der Erstbesteigung des Matterhorns im Jahre 1865 durch Edward Whymper erstmals durch die europäische Presse einem breiteren Publikum bekannt gemacht, und so wuchs das touristische Interesse an diesem Ort, obwohl er nur mit einem längeren Fußmarsch durch eine eher unwirtliche Gegend zu erreichen war. In den Achtzigerjahren des 19. Jahrhunderts kamen bereits etwa 12.000 Touristen jährlich nach Zermatt. Um das aufstrebende Tal weiter zu fördern, wurde ein Eisenbahn-Anschluss vom Rhônetal her geplant, und am 21. September 1886 erteilte der Bundesrat dem Bankhaus Masson, Chavannes & Co. in Lausanne und der Basler Handelsbank eine Konzession für eine schmalspurige Zahnrad- und Adhäsionsbahn von Visp nach Zermatt, die in den Som-

Die fabrikneue HGe 4/4 11 stand sozusagen für ein »Typenfoto« auf dem Vorplatz des SBB-Bahnhofs in Visp und hatte – wie damals üblich – beide Stromabnehmer an der Fahrleitung. **Foto: Archiv MGBahn**

mermonaten von Anfang Juni bis Ende September verkehren sollte, denn der Wintertourismus hatte in der Region noch keine große Bedeutung. Auf Wunsch des Bundesrates wurde die Spurweite von den geplanten 750 auf 1000 mm geändert. Planung und Bau der Bahnstrecke Visp – Zermatt wurden von den Banken der »Suisse Occidentale-Simplon« (SOS) übertragen, einer der vielen Westschweizer Bahngesellschaften. Nach den Vermessungsarbeiten im Sommer 1887 wurde am 10. Oktober 1888 die Betriebsgesellschaft »Compagnie du Chemin de Fer de Viège à Zermatt SA« (VZ) gegründet.

Nach längeren Diskussionen, ob eine reine Adhäsionsbahn, wie von der SOS vorgeschlagen, oder eine gemischte Adhäsions- und Zahnradbahn, wie ursprünglich geplant, die bessere Lösung wäre, und nach einem Besuch von schon bestehenden Schmalspurbahnen, entschied man sich für eine gemischte Bahn mit sechs Zahnstangenabschnitten, die insgesamt rund 7450 Meter lang sein sollten.

Während sich die SOS um den Landerwerb und die Beschaffung des Rollmaterials kümmerte, wurden die Bauarbeiten, die am 27. November 1888 in Visp begannen, einem Westschweizer Bauunternehmer anvertraut. Der Landerwerb gestaltete sich schwierig, weil viele Besitzer enteignet werden mussten, auch die Bauarbeiten waren kompliziert, denn es gab keine Straße, und das Material musste fast immer über die bereits fertiggestellte Trasse herangeschafft werden. Trotzdem konnte am 3. Juli 1890 der Betrieb zwischen Visp und Stalden aufgenommen werden, wodurch die VZ eine der ältesten Hochgebirgsbahnen der Schweiz ist, und ab 26. August 1890 wurde bis St. Niklaus gefahren. Die restliche Strecke bis Zermatt konnte wegen eines sehr strengen Winters erst am 18. Juli 1891 eröffnet werden.

Die Betriebsführung übertrug die VZ der SOS und deren Nachfolgegesellschaft Jura-Simplon-Bahn (JS) bzw. nach deren Verstaatlichung bis 1920 den SBB. Auf diese Weise

Am 28. Dezember 1984 führte HGe 4/4 13 den G 2145, Visp – Zermatt, der aus zwei Mitteleinstieg-, einem Post-/Gepäck- und zwei gedeckten Güterwagen bestand, bei Randa. Foto: Dietmar Beckmann

konnte das Personal (der VZ) im Winter an anderen Stellen eingesetzt werden. Die Fahrgastzahlen übertrafen recht bald die aus der Bauzeit stammenden Prognosen, wobei die Eröffnung der Gornergratbahn (1898), des Simplontunnels (1906) und der Lötschbergbahn (1913) der VZ weitere Passagiere zuführte. Durch den Ersten Weltkrieg sanken die Fahrgastzahlen auf das Niveau des Eröffnungsjahres, und 1918 verkehrten nur noch zwei Zugpaare täglich, fuhren aber weitere Verluste ein. Im Winter 1919/20 wurde der Fluss Vispa durch Lawinen und Erdrutsche bei Kipfen auf die Bahntrasse gelenkt, und im September 1920 zerstörte ein Hochwasser 300 Meter Trasse zwischen Visp und Ackersand, was zu weiteren Verlusten führte, die aber die letzten in der Geschichte der Bahn sein sollten. Die SBB nahmen die schlechte finanzielle Situation der VZ zum Anlass, die auslaufenden Verträge nicht zu verlängern und die Betriebsführung an die VZ abzugeben, die sich mit der 1898 eröffneten Gornergratbahn zu einer Direktionsgemeinschaft zusammenschloss und in Zusammenarbeit mit Zermatter Hoteliers erstmals internationale Werbung machte, die sehr erfolgreich war.

Die Nachbargesellschaft der VZ, die BFD, hatte bis 1915 nur den Abschnitt Brig – Gletsch fertiggestellt und musste 1923 Konkurs anmelden. Der damalige Direktor der VZ wollte die Strecke Brig – Disentis retten, gründete zusammen mit der RhB und der Schöllenenbahn ein Syndikat, das vom Bund sowie den Kantonen Wallis, Uri, Graubünden und Waadt unterstützt wurde, ersteigerte am 4. April 1925 die Bahnanlagen und Fahrzeuge der BFD für 1,75 Millionen Franken und gründete am 17. April des gleichen Jahres die Furka–Oberalp-Bahn AG (FO), die am 4. Juli 1926 die gesamte Strecke bis Disentis eröffnen konnte und bis zum 31. Dezember 1960 der Direktion der VZ unterstand.

Die Betriebsaufnahme der FO zeigte die Nachteile auf, welche das Fehlen einer meterspurigen, rund neun Kilometer langen Verbindungsstrecke Visp – Brig mit sich brachte: So mussten z. B. Fahrgäste zwischen Bern und Zermatt in Brig und Visp umsteigen. Projekte für eine Verbindungsstrecke gab es verschiedene: So wollte z. B. der Walliser Hotelier Alexander Seiler eine schmalspurige Straßenbahn bauen lassen, die auch die kleinen Siedlungen bedienen sollte. Dieses Projekt wurde nicht weiterverfolgt, weil die SBB versprachen, zwei Haltepunkte einzurichten. Als die SBB ihr Versprechen nicht erfüllten, wurde der Konzessionsantrag 1925 erneut eingereicht und im September 1928 genehmigt mit der Auflage, eine Zwischenhaltestelle einzurichten. Der Betrieb wurde am 5. Juni 1930 aufgenommen, der Name der VZ jedoch erst zum 1. Juni 1962 in »Compagnie du Chemin de Fer de Brigue–Viège–Zermatt« (Brig–Visp–Zermatt-Bahn) geändert. Am 25. Juni 1930 verließ der erste »Glacier Express« Zermatt, heute eines der weltweit bekanntesten, touristischen Topangebote.

Nach dem Ende des Ersten Weltkrieges wurde die Elektrifizierung mit 1500 bis 3000 V Gleichstrom diskutiert, wobei auch Teile der vorhandenen Dampflokomotiven für den Bau der elektrischen Lokomotiven verwendet werden sollten. Aufgrund der hohen Preise für Kupfer und die elektrischen Anlagen überhaupt sowie der schlechten finanziellen Situati-

An der Ausfahrt aus dem Bahnhof Visp in Richtung Zermatt standen die fabrikneue HGe 4/4 11 und die Dampflokomotive HG 2/3 2, »Monte Rosa« (Baujahr 1890) mit ihren Zügen. Foto: Archiv MGBahn

on der VZ wurden die Pläne aufgegeben. 1927 wurde erneut ein elektrischer Betrieb diskutiert, dieses Mal mit Wechselstrom mit einer Frequenz von 16,7 Hz, für den man nur einen Einspeisungspunkt in Visp benötigte, was die Kosten reduzierte. Der von der RhB verwendete Wechselstrom von 11 kV ermöglichte den Einsatz von Lokomotiven mit einem luftgekühlten Transformator und – falls auch die FO elektrifiziert würde – einen durchgehenden, problemlosen Betrieb. Deshalb entschied sich die VZ für Wechselstrom mit 11 kV 16,7 Hz.

Am 30. Oktober 1928 nahm die VZ den fahrplanmäßigen Winterbetrieb auf dem Abschnitt Visp – St. Niklaus auf, und im folgenden Winter verkehrte täglich bei günstiger Witterung ein Zugpaar bis / ab Zermatt. Die Lawinenniedergänge im Januar und Februar 1931 zeigten jedoch, dass ein geregelter Winterbetrieb ohne den Bau von zahlreichen Schutzbauten nicht möglich war. Und so schlossen die VZ und der Kanton Wallis einen Vertrag, der die VZ zum Winterbetrieb verpflichtete, sofern der Kanton die erforderlichen Schutzbauten zu 50 Prozent subventionierte. Die Bauwerke wurden im Herbst 1933 fertiggestellt, und ab dem folgenden Winter gab es einen durchgehenden Winterbetrieb.

Der Zweite Weltkrieg hatte weniger negative Auswirkungen für die VZ als der Erste, denn die ausländischen Touristen, die ausblieben, wurden durch Schweizer Reisende ersetzt, so dass die Fahrgastzahlen sogar während des Krieges weiter anstiegen. Da der Aufschwung nach dem Krieg weiterging, modernisierte die Bahn ab 1958 schrittweise

Lokomotivtreffen am 11. Juni 1976 beim heute nicht mehr existierenden Lokschuppen der FO in Brig: Diesellokomotive HGm 4/4 62 (links im Schuppen), die mit »VZ« angeschriebene HGe 4/4 13 und deren »Tochter«, HGe 4/4 31 der FO. Foto: Herbert Stemmler

ihre Infrastruktur, indem sie alle größeren Brücken durch Stahlbetonkonstruktionen ersetzte, die eine höhere Achslast zuließen, oder indem sie einen von Brig aus ferngesteuerten Streckenblock einführte. Auch das Rollmaterial wurde z. B. durch die Beschaffung von Personenwagen in Leichtstahlbauweise oder von fünf Personentriebwagen den Ansprüchen der Fahrgäste angepasst. Die Lawinenschutzbauten wurden kontinuierlich erweitert, und als am 4. Januar 1966 eine Lawine den Bahnhof Zermatt verwüstete, war dies der Anlass, die Gleisanlagen lawinensicher zu überdachen.

Die Öffnung der Talstraße bis Täsch im Jahre 1971 stellte die BVZ vor neue Herausforderungen, weil die Touristen jetzt mit ihrem eigenen Auto bis Täsch fuhren, und so führte die Bahn im Mai 1972 einen Pendelverkehr Täsch – Zermatt mit Fahrzeugen ein, die auch für einen bequemen Transport des Gepäcks geeignet waren.

Dass der »Glacier Express« nach der Eröffnung des Furka-Basistunnels ab 1982 ganzjährig verkehren konnte, führte zu einem weiteren Anstieg der Fahrgastzahlen, was die Bahn zu erneuten Modernisierungsmaßnahmen, z. B. zum Bau der Depotanlagen in Brig, Glisergrund, ermutigte. Die größte Katastrophe in der Geschichte der BVZ ereignete sich im Jubiläumsjahr 1991, als sich am 18. April rund 15 Millionen Kubikmeter Fels aus der Wartfluh nordwestlich von Randa lösten und die Vispa, Teile des Weilers Lerch und 100 Meter der Bahntrasse verschütteten. Erfreulicherweise kamen bei dem Unglück keine Personen zu Schaden. Am 9. Mai stürzten noch einmal große Felsmassen zu Tal, welche die Bahntrasse nochmals auf 250 Metern verschütteten, die Talstraße unpassierbar machten und die Vispa aufstauten. Es musste eine neue, knapp drei Kilometer lange Trasse mit einer Gegensteigung im Zahnstangenbereich angelegt werden, die am 1. August 1991 in Betrieb ging. Die Schadensumme belief sich auf 16,5 Millionen Franken, wovon 13,6 Millionen durch die Naturschadenhilfe nach dem Eisenbahngesetz des Bundes gedeckt wurden. Um den Zielbahnhof besser im Namen zu verankern, benannte sich die Bahn 1991 in »BVZ Zermatt-Bahn« um.

Ein neues Kapitel begann am 1. Januar 2003, als die BVZ mit der benachbarten FO zur »Matterhorn–Gotthard-Bahn« (MGBahn) fusionierte. Gleichzeitig entstanden die Geschäftsbereiche »Matterhorn Gotthard Verkehrs AG« (Personenbeförderungskonzession, Rollmaterial, Wartung, Straßenverkehr), »Matterhorn Gotthard Infrastruktur AG« (Infrastrukturkonzession, Trasse, Gebäude) sowie die »Matterhorn Gotthard Bahn AG« (Konzernleitung, für Management und Personal verantwortlich), die der BVZ Holding sowie dem Bund und den Kantonen Wallis, Uri und Graubünden gehören. Die Fusion ermöglichte der Bahn neben der Beschaffung von modernem, niederflurigem Rollmaterial zahlreiche Ausbaumaßnahmen: den grundlegenden Umbau des Pendelzugterminals Täsch, den zur Eröffnung des Lötschberg-Basistunnels notwendigen Umbau der Anlagen in Visp, den Bau der so genannten »Ostausfahrt« aus dem Schmalspurbahnhof in Brig, die Modernisierung der Depotanlagen in Brig, Glisergrund. Und große Aufgaben stehen der Bahn bevor: der Umbau des Bahnhofs und des Depots in Andermatt und die grundlegende Sanierung des Furka-Basistunnels bei laufendem Betrieb.

Für den elektrischen Betrieb beschaffte die VZ 1929/30 fünf vierachsige Zahnrad- und Adhäsionslokomotiven vom Typ HGe 4/4.

Die Anlagen der VZ beim Vorplatz existieren seit dem Umbau des Bahnhofs Visp zu einem Knotenbahnhof nicht mehr. Vor dem früheren Lokdepot standen (von links nach rechts) HGe 4/4 14, Dampflok HG 2/3 7, »Breithorn« (Baujahr 1906), und HGe 4/4 13. Foto: Archiv MGBahn

Am 21. August 1963 standen (von links nach rechts) HGe 4/4 15, 14 und 11 mit ihren Zügen im Endbahnhof Zermatt, der noch kein Dach als Lawinenschutz hatte. Foto: Archiv MGBahn

7.2 Technisches

Das Pflichtenheft für die HGe 4/4 11–15, die nach der Indienststellung der HGe 4/4 II 1–5 im Jahre 1990 als »HGe 4/4 I« bezeichnet wurden, sah vor, dass die Lokomotiven im Adhäsionsbereich eine Anhängelast von 60 Tonnen mit einer Geschwindigkeit von 45 km/h, in den Zahnstangenbereichen mit 16 km/h (bis 100 Promille) bzw. 14 km/h (bis 120 Promille) befördern sollten. Der Achsdruck durfte selbst bei einem beladenen Gepäckabteil 12 Tonnen nicht übersteigen, was zum damaligen Zeitpunkt nur mit einem luftgekühlten Transformator möglich war.

Die Lokomotiven, die ersten Einphasen-Lokomotiven für einen vereinigten Zahnrad- und Adhäsionsbetrieb, wurden von MFO (elektrischer Teil), SLM (Drehgestelle) und der Schweizerischen Waggon- und Aufzügefabrik in Schlieren

HGe 4/4 12 stand am 24. August 2001 mit zwei Kesselwagen im Bereich von Depot und Werkstätten Glisergrund bei Brig. Dahinter kann man die Fahrleitungsanlagen der Simplon-Strecke der SBB erkennen und am Berghang einen Güterzug, der die Lötschbergstrecke der BLS befährt. Foto: Detlef Klein

HGe 4/4 15 fuhr am 24. Juni 2000 mit einem Reisebüro-Sonderzug aus RhB-Salonwagen in die Kreuzungsstelle »Kalter Boden« zwischen Täsch und Zermatt ein, die so großzügig ausgebaut ist, dass insgesamt vier Züge kreuzen können. Foto: H.-B. Schönborn

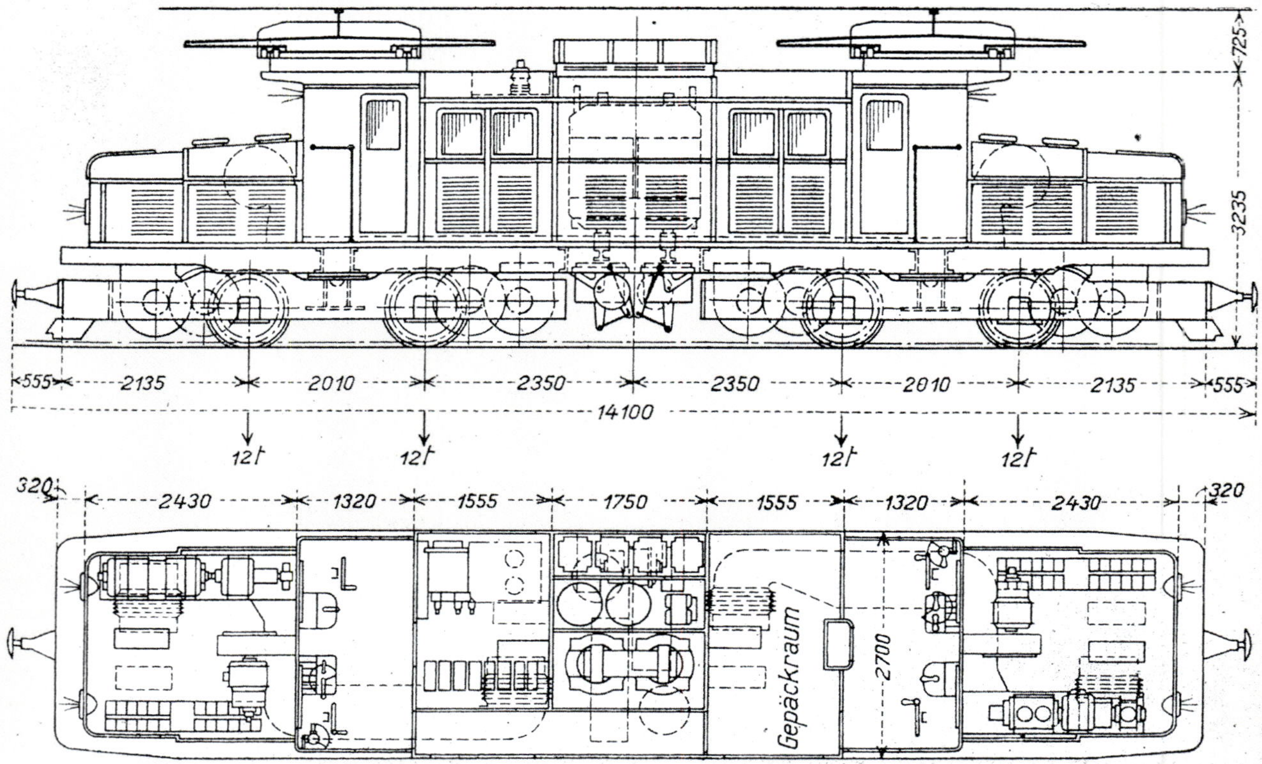

Typenskizze einer HGe 4/4 I von der Seite und von oben

Skizze: Archiv Herbert Stemmler

HGe 4/4 15 war am 8. September 2003 mit einem Sonderzug aus nostalgischen VZ-Wagen bei Neubrück unterwegs, im Hintergrund die Riti-Brücke mit Kapelle.
Foto: H.-B. Schönborn

Die wichtigsten technischen Daten der Zahnrad- und Adhäsionslokomotiven HGe 4/4 I der VZ	
Typenbezeichnung	HGe 4/4 I
Betriebsnummern	11–15
Stückzahl	5
Inbetriebsetzung	1929–1930
Achsfolge	Bo'Bo'
Spurweite	1000 mm
Länge über Puffer	14100 mm
Achsstand	9720 mm
Stromspannung	11 kV / 16,7 Hz
Anzahl Fahrmotoren	vier
Anzahl Treibachsen	vier
Treibrad-Durchmesser (neu)	925 mm
Übersetzung	1 : 6,2 im Adhäsionsbetrieb 1 : 5,6 im Zahnradbetrieb
Dienstmasse	47 t
Stundenleistung	736 kW
Stundenzugkraft	106 kN
bei	25 km/h
Anfahrzugkraft	169 kN
Höchstgeschwindigkeit	45 km/h
Fern- / Vielfachsteuerung	keine
Bremsen	Handbremse Automatische Vakuumbremse, Bandbremse

(Lokomotivkasten) gebaut und 1929 (Betriebsnummern 11–14) bzw. 1930 (Nummer 15) in Betrieb genommen. In ihrem äußeren Erscheinungsbild mit zwei kleineren und schmaleren Vorbauten sowie einem mittig angeordneten Lokomotivkasten mit den beiden Führerständen ähnelten die HGe 4/4 sehr stark den »Rhätischen Krokodilen«, aber sie können nicht als »echte« Krokodile bezeichnet werden, weil der Lokomotivkasten und die Vorbauten auf einer einteiligen Brücke aufgebaut wurden, die aus kräftigen Profilen zusammengenietet war. Eine einteilige Brücke entspricht nämlich nicht der Definition für ein »echtes« Krokodil, trotzdem wurden die Fahrzeuge immer wieder als »Zahnrad-Krokodile« bezeichnet. Im Gegensatz zu anderen Drehgestell-Lokomotiven wurden die Zug- und Stoßvorrichtungen, also die Mittelpuffer, Zughaken und Kupplungslaschen, direkt an den Rahmen der beiden zweiachsigen, nicht gekuppelten Drehgestelle angebracht und nicht an der Lokomotivbrücke. Dadurch wirkten die Zug- und Stoßkräfte, die bei der Beförderung eines Zuges auftraten, zunächst auf das in Fahrtrichtung hintere Drehgestell, weil ja die HGe 4/4 11–15 nicht mit Wendezügen verkehrten, danach wurden sie über einen zentralen halbkugeligen Drehzapfen, auf dem die Brücke ruhte, auf die Brücke und mittels des zweiten Drehzapfens auf das führende Drehgestell übertragen. Seitlich stützte sich der Kasten auf zwei federnde Gleitplatten ab, die in derselben senkrecht zur Fahrtrichtung gelegenen Ebene angebracht waren wie die Drehzapfen.

Der Lokomotivkasten umfasste außer den Führerständen den zentralen Maschinen- und Apparateraum sowie das Gepäckabteil, während sich in den Vorbauten die Hilfsbetriebe befanden, außerdem eine Nickeleisen-Akkumulatorenbatterie, die zusammen mit der Umformergruppe für den Beleuchtungs- und Betätigungsstrom sorgte. Über dem Maschinenraum waren auf dem Dach die Widerstände für die elektrische Kurzschlussbremse, die mittels eines besonderen Gebläses von der Transformatorkühlluft vor deren Austritt ins Freie bestrichen wurden.

Der Kasten und die Hauben der Vorbauten waren aus harten, vergüteten Aluminium-Legierungen gefertigt, um Gewicht zu sparen. Auf beiden Außenseiten des Kastens befanden sich zwei größere, zweiflügelige Türen, wobei diejenigen auf der »Seite Zermatt« der Lokomotive in den Gepäck-, diejenigen auf der »Seite Visp« in den Apparateraum führten und so den Zugang für Revisionsarbeiten erleichterten. Der Apparateraum besaß noch Lüftungsgitter und umfasste den luftgekühlten Transformator, einen Teil der Hilfsaggregate und den verriegelten Hochspannungsraum mit der Schützensteuerung und dem Hauptschalter in Öl. Jeder der beiden Führerstände wies zwei Außentüren auf sowie im Innern einen Zugang zum Gepäck- bzw. Apparateraum. Wie bei den »Rhätischen Krokodilen« konnte man um die Vorbauten herumgehen und sich dabei an Griffstangen festhalten, die sich oben auf den Hauben befanden.

Die Führerstände waren ursprünglich für die stehende, einmännige Bedienung ausgelegt, erhielten aber später einen Hilfssitz. Geheizt wurden sie und der Gepäckraum mit Einphasenstrom von 300 V, und für die Zugheizung waren an den Lokomotiven Kupplungsdosen angebracht, die mit denjenigen der RhB und FO übereinstimmten.

Aus Sicherheitsgründen gab es zwei Handbremsen, mit denen über Kreuz die vier Bremsklötze des einen und die Bandbremse des anderen Drehgestells aktiviert werden konnten. Als automatisches Bremssystem existierte eine Vakuumbremse mit einem Bremsklotz pro Rad und einer Bandbremse pro Achse. Die Fahrzeuge besaßen eine Sicherheitsfahrschaltung, die auch auf die Zahnradbremse wirkte.

Lebenslauf der elektrischen Zahnrad- und Adhäsionslokomotiven HGe 4/4 I der VZ						
Typ	Hersteller	Übergabe	BetrNr.	Farbe	Ausrangierung	Bemerkungen
HGe 4/4	SLM/SWS/MFO/3336	1929	11	rot	2005	Abbruch
HGe 4/4	SLM/SWS/MFO/3337	1929	12	rot	2004	Abbruch
HGe 4/4	SLM/SWS/MFO/3338	1929	13	rot	2002	Abbruch
HGe 4/4	SLM/SWS/MFO/3339	1929	14	rot	1992	Abbruch
HGe 4/4	SLM/SWS/MFO/3340	1930	15	rot	--	*

*= historisches Fahrzeug; abgestellt in Göschenen

HGe 4/4 12 beförderte einen Personenzug auf dem Zahnstangenabschnitt kurz vor Stalden-Saas talwärts. Die Laterne mit dem »E« zeigt die Zahnstangenein- bzw. -ausfahrt an, die es heute nicht mehr gibt, weil die Zahnstange durch den Bahnhof verlängert wurde. Foto: Archiv MGBahn

Die Fahrgeschwindigkeit wurde in zwölf Stufen geregelt mittels zweier Überschaltspulen in Verbindung mit elektropneumatisch gesteuerten Schützen. Über einen elektropneumatisch gesteuerten Wendeschalter erfolgten die Fahrtrichtungsänderung von Vorwärts- auf Rückwärtsfahrt und die elektrische Kurzschlussbremsung.

Die außenliegenden Rahmen der Drehgestelle bestanden aus Blechen und kräftigen Profilen, die zusammengenietet wurden. In der Mitte befand sich die Drehzapfentraverse. An den Kopftraversen der Drehgestelle waren die außenliegenden Motoren federnd aufgehängt, die mittels einer Rutschkupplung, die wegen ständiger Ritzelbrüche sehr bald ausgewechselt werden musste, und einer Zwischenwelle auf den Adhäsions- und den Zahnstangenantrieb einwirkten, wobei die Übersetzung zweistufig war. Die vier Motoren, die durch ein eigenes im Vorbau befindliches Gebläse gekühlt wurden, mussten außerhalb der Achsen gelagert werden, weil wegen der vielen engen Kurven der Radstand von 2010 Millimetern nicht überschritten werden durfte. Und obwohl die Motoren große, seitliche Trägheitskräfte hervorriefen, die den Oberbau der Gleisanlagen erheblich schädigten, wurde die 1939 nachgelieferte HGe 4/4 16, die keine Vorbauten und eine andere Kastengestaltung aufwies und der Prototyp für die HGe 4/4 31–37 der FO wurde, nach dem gleichen Prinzip

Am 13. August 1981 führte HGe 4/4 15 G 2145, Visp – Zermatt, der als »Güterzug mit Personenbeförderung« unterwegs war, bei Neubrück mit der Riti-Brücke und der Kapelle. **Foto: Dietmar Beckmann**

gebaut. Jede Achse der HGe 4/4 war mit einer pneumatisch auszulösenden Sandungsvorrichtung und einer Spurkranzschmierung versehen, und die Zahnstange wurde mit einem Pinsel aus Metall geschmiert.

7.3 Betriebseinsatz und Verbleib

Zunächst beförderten die HGe 4/4 sowohl Personen- als auch Güterzüge und natürlich ab 1930 auch den »Glacier Express«. Mit der Ablieferung der sechs- bzw. achtachsigen Personen-Doppeltriebwagen ABDeh 6/6 2031–32 (1960) bzw. ABDeh 8/8 2041–43 (1965) sowie der Gepäcktriebwagen Deh 4/4 21–24 (1975/76), mit denen die ersten Pendelzüge gebildet werden konnten, verloren die »Zahnrad-Krokodile« ihre Einsätze im Personenverkehr. Güter- und Dienstzüge blieben ihnen noch, bis 1990 die HGe 4/4 II 1–5 abgeliefert wurden. Dann waren die HGe 4/4 I 11–15, die von schweren Unfällen verschont blieben, nur noch die Betriebsreserve. Da die BVZ keine leistungsstarke Diesellokomotive besaß und entweder bei der FO eine HGm 4/4 mieten oder eine eigene Dampflokomotive als fahrdrahtunabhängiges Fahrzeug einsetzen musste, kam 1993/94 die Idee auf, eine HGe 4/4 I in eine dieselelektrische Maschine umzubauen. In einer Diplomarbeit an der HTL Burgdorf wurden 1994/95 die Grundlagen erarbeitet und Varianten studiert, doch die Kosten von rund einer Million Franken waren für eine »alte Lokomotive« zu hoch, zumal die Schwachstelle der »Zahnrad-Krokodile«, das Gleitlager, auch nach dem Umbau erhalten geblieben wäre. Deshalb fiel im Jahre 2000 die Entscheidung, eine zweiachsige Diesellokomotive mit Zahnradantrieb zu bestellen, die 2002 als HGm 2/2 75 von dem Schweizer Schienenfahrzeug-Hersteller Stadler geliefert wurde.

Nach dem Abbruch der Fahrzeuge 11–14 ist die HGe 4/4 I 15 als historisches Fahrzeug erhalten. Nicht betriebsfähig gehört sie zum Bestand der Matterhorn Gotthard Bahn / MGBahn-Historic und ist in Göschenen remisiert.

8 Ge 4/4 21 DER YVERDON–STE-CROIX-BAHN

Anfang der Siebzigerjahre war die Lackierung schon ziemlich ausgeblichen, als Ge 4/4 21 mit einem Personenzug aus älteren Wagen mit offenen Plattformen in Baulmes, der wichtigsten Zwischenstation, stand. Foto: M. Stefani, Sammlung André von Arx

8.1 Kurzer geschichtlicher Überblick

Fast im Alleingang gelang dem vielseitig begabten William Barbey (1842–1914), einem Ingenieur, Botaniker, liberalen Politiker und Philanthropen aus dem nördlich von Orbe und westsüdwestlich von Yverdon gelegenen Valeyres-sous-Rances, die Finanzierung und Planung der meterspurigen Strecke zwischen Yverdon-les-Bains und Ste-Croix im französischsprachigen Westschweizer Kanton Waadt. Ste-Croix war damals ein Zentrum der Musikdosenherstellung und Feinmechanik, und die Bahn sollte die Arbeiter der Manufakturen zwischen ihrem Wohnsitz und Arbeitsplatz befördern. Die Bahn wurde am 17. November 1893 eröffnet und zunächst mit drei

Mitte der Siebzigerjahre erfolgten bei der Ge 4/4 21 eine Neulackierung und ein Umbau, denn es wurden Normalspurpuffer für die Beförderung von Rollbockzügen angebaut, und die Übergangsbleche verschwanden. Auf dem Bild stand die umgestaltete Lokomotive mit einem moderneren Personenwagen in Yverdon-les-Bains. Foto: M. Stefani, Sammlung André von Arx

Mallet-Dampflokomotiven der Bauart G 2 x 2/3 betrieben, zu denen sich 1911 die G 4/4 4, »Aliénor« genannt, 1920 nach der Elektrifizierung der RhB die G 2/3 + 2/2 26–28 und 1928 die in Frankreich verbliebene, deutsche Militärlokomotive G 2 x 3/3 5 gesellten. Der sehr religiöse Mäzen verfügte, dass »seine« Bahn, die »Chemin de fer Yverdon–Ste-Croix« (YSC), an Sonntagen nicht verkehren durfte, eine Festlegung, die erst nach seinem Tod aufgehoben werden konnte, und so verkehrten die Züge seit 1919 täglich.

Die rund 24 Kilometer lange Strecke beginnt am Nordufer des Neuenburgersees im SBB-Bahnhof Yverdon-les-Bains (435 m ü. M.) mit zwei Bahnsteig- und einigen Rangiergleisen sowie einer Grube für Rollböcke, verläuft zunächst parallel zur so genannten Jurasüdfußlinie Olten – Solothurn – Biel – Lausanne der SBB, führt an der 1994 neu gebauten Depotwerkstätte vorbei, bedient die Haltestelle »William Barbey« und ist bis Valeyres-sous-Montagny ziemlich flach. Danach steigt sie im Tal des Flüsschens Le Brine empor und erreicht bei Strecken-Kilometer 11,5 Baulmes (631 m ü. M.), die wichtigste Zwischenstation. Der folgende Abschnitt hat Gebirgsbahn-Charakter: Die Haltestelle Six-Fontaines liegt in einer 180-Grad-Kurve, dann erklimmt die Bahn den steilen Südosthang des Forel, fährt in einem kurzen Tunnel unter den Hermitage-Felsen hindurch, umfährt den steilen Talkessel der Brine, führt am steilen Südosthang des Mont de Baulmes entlang, umfährt diesen Berg, verläuft mit vier kurzen Tunneln hoch über einer Schlucht, den Gorges de Covatannes, und hat bis zur Hochebene von Ste-Croix, dem Endbahnhof, einen Höhenunterschied von rund 630 Metern überwunden.

Da das Rollmaterial überaltert und Kohle wegen des Zweiten Weltkrieges knapp und teuer war, entschloss sich die YSteC zur Elektrifizierung ihrer Strecke mit dem gleichen Stromsystem wie die SBB, also mit 15 kV 16,7 Hz Wechselstrom. Die Arbeiten waren am 25. Januar 1945 beendet, und die YSteC hatte bei SIG und BBC drei »große« BCe (später ABe) 4/4 1–3 bestellt, denen 1946/47 zwei »kleine« BCe (später ABe) 2/4 11–12 folgten. Als Reserve und für den Einsatz

Ge 4/4 21, jetzt deutlich als »Krokodil« gekennzeichnet, stand am 26.08.2005 mit zwei aufgebockten Normalspurwagen für den Schottertransport vor der Rollbockgrube im Bahnhof Yverdon-les-Bains.
Foto: H.-B. Schönborn

im Güterverkehr kam 1950 die Lokomotive Ge 4/4 21 hinzu, die von ihrer äußeren Gestaltung an die »Schmalspur-Krokodile« erinnert. Ende der Siebzigerjahre führte die YSteC den Rollbockverkehr ein und konnte dadurch den Rückgang im Güterverkehr zunächst aufhalten; die Bahn leistete dabei mit der Entwicklung einer neuen Rollbock-Bauart Pionierarbeit. 1981 erhielt die Bahn drei moderne Triebwagen Be 4/4 mit zwei dazu passenden Steuerwagen.

Am 1. Januar 2001 fusionierte die YSteC mit der Chemin de fer Pont-Brassus (PBr) und dem Busbetrieb TPYG aufgrund einer langjährigen Zusammenarbeit zu den »Transports Vallée de Joux–Yverdon-les-Bains–Ste-Croix« (TRAVYS), in die 2008 die »Chemin de fer Orbe–Chavornay« (OC) integriert wurde. 2001 erhielt die Bahn zwei neue Gelenktriebwagen Be 2/6 des Schweizer Herstellers Stadler, und 2012 schrieb TRAVYS in einer Sammelbestellung mit anderen Westschweizer Bahnen drei dreiteilige Triebzüge Be 8/12 aus, die Anfang 2015 ebenfalls von Stadler geliefert werden sollen, damit auf der Strecke ein 30-Minuten-Takt eingeführt werden kann.

8.2 Technisches

Um ein Reservefahrzeug als Ersatz für einen verunfallten Triebwagen zu haben oder um für eine größere Revision gerüstet zu sein, plante die Direktion Ende der Vierzigerjahre die Beschaffung eines weiteren Fahrzeugs. Diskutiert wurde die Bestellung eines weiteren »großen« Triebwagens oder eines zweiachsigen Rangiertraktors, doch schließlich entschied man sich für eine vierachsige Lokomotive, die auch anspruchsvollere Aufgaben übernehmen konnte. Dafür wurden bei BBC eine elektrische Anlage entsprechend den BCe 4/4, also vier eigenventilierte Fahrmotoren, BBC-Federantriebe und Charmilles-Bremsbestandteile, und bei SIG zwei zweiachsige Triebgestelle bestellt, außerdem verwendete die Bahn überzähliges Material aus dem Vorrat, den sie für kurzfristig erforderliche Reparaturen angelegt hatte. Eine Vielfachsteuerung wurde nicht installiert. Um Kosten zu sparen, baute die bahneigene Werkstätte das Chassis, das mit seinen niedrigen und etwas schmaleren Vorbauten und dem mittig angeordneten, zentralen Apparateraum mit den beiden Führerständen,

Die wichtigsten technischen Daten der Lokomotive Ge 4/4 21	
Typenbezeichnung	(Te) Ge 4/4
Betriebsnummer	21
Stückzahl	1
Inbetriebsetzung	1950
Achsfolge	Bo´ Bo´
Spurweite	1000 mm
Länge über Puffer	12870 mm
Achsstand	9580 mm
Stromspannung	15 kV / 16,7 Hz
Anzahl Fahrmotoren	vier
Anzahl Treibachsen	vier
Treibrad-Durchmesser (neu)	850 mm
Übersetzung der Zahnradgetriebe	1 : 6,14
Dienstmasse	39 t
Stundenleistung	515 kW
Anfahrzugkraft	169 kN
Höchstgeschwindigkeit	55 km/h
Fern- / Vielfachsteuerung	keine
Bremsen	Luftdruckbremse Charmilles, Nutzstrombremse

Da Ge 4/4 21 fast nur noch im Schneeräumdienst eingesetzt wird, stand sie am 9. August 2008, also im Hochsommer, mit dem massiven Keilpflug auf einem der Stumpengleise im Bahnhof Yverdon-les-Bains. Deutlich sind auch die zusätzlichen Leuchten oberhalb der Frontfenster zu erkennen. Foto: André von Arx

einem »unechten«, also auf einem Rahmen aufgebauten »Krokodil« entsprach. Auch der Einbau der elektrischen Anlagen erfolgte bei der YSteC. Die Vorbauten, an deren Oberkanten lange Haltegriffe angebracht wurden, ließen Platz für einen Umgang, und an beiden Stirnseiten gab es eine mit Geländern gesicherte Rangierplattform sowie Übergangsbleche, auf denen die Betriebsnummer sichtbar war, wenn sie hochgeklappt wurden. Die Führerstände wurden für die stehende Bedienung eingerichtet und besaßen auf beiden Seiten je eine Außentür. Ursprünglich befand sich auf dem Dach ein Scherenstromabnehmer, der später gegen einen Einholm-Pantographen ausgetauscht wurde. Außerdem waren auf dem Dach verschiedene Apparate, z. B. eine BBC-Rekuperationsbremse, untergebracht.

8.3 Betriebseinsatz

Seit dem 14. August 1950 stand die Lokomotive, die aufgrund der damals gültigen Normen wegen der geringen Geschwindigkeit als „Traktor" Te 4/4 21 bezeichnet wurde, im Einsatz, vor allem mit Güter- und Dienstzügen, aber auch mit Güterzügen mit Personenbeförderung. In den Siebzigerjahren kamen dann Rollbockzüge hinzu. Im Winter wird auf der Seite »Ste-Croix« ein großer Schneepflug angebaut, und die Maschine leistet Schneeräumeinsätze. Aufgrund der guten Isolierung der Motoren, des hohen Übersetzungsverhältnisses und der auf 55 km/h begrenzten Geschwindigkeit entwickelte die Te 4/4 die recht hohe Leistung von 515 kW.

In den Sechzigerjahren erfolgte aufgrund der geänderten Normen eine Umzeichnung in Ge 4/4 21, und bei einer Hauptrevision in der Mitte der Siebzigerjahre wurden auf beiden Seiten zusätzlich Normalspurpuffer und Kupplungshaken für den Rollbockverkehr angebaut, wobei die Übergangsbleche weichen mussten. Die Lackierung wechselte von Rot/Crème zu Orangerot mit einem crèmefarbenen Streifen. 1996 erhielt die Lokomotive bei einer weiteren Revision – um ihrem Spitznamen »Krokodil« gerecht zu werden – ein neues äußeres Design, denn an dem nun silbern lackierten Fahrzeug wurden auf den beiden Seitenfronten mit Hilfe von farbig gestalteten Folien Krokodile angebracht. Außerdem montierte man auf der Seite »Ste-Croix« an der Unterkante des Daches oberhalb der Führerstandfenster neben der Mittelleuchte des Dreispitzsignals zusätzliche Lampen, um die Sichtverhältnisse bei der Schneeräumung zu verbessern.

In den letzten Jahren stand das »Krokodil« sehr häufig – teils mit einem Schneepflug, teils ohne – auf einem der Kopfgleise im Bahnhof Yverdon-les-Bains, denn die Einsätze auf der Strecke sind außerhalb der Zuckerrübentransporte im Herbst selten geworden.

9 »KROKODILE« DER BESONDEREN ART

Eines der beiden nach Bolivien gelieferten Diesel-»Krokodile« war 1961 mit einem längeren, gemischten Zug im Hochland nahe Machacamarca unterwegs. Foto: Sammlung Chris Walker

Im Folgenden werden in einer Auswahl ohne Anspruch auf Vollständigkeit einige besonders interessante Fahrzeuge vorgestellt.

9.1 Bolivianische Diesel-Krokodile aus der Schweiz

Zu Beginn des 20. Jahrhunderts nahm in Bolivien die wirtschaftliche Bedeutung der Zinngewinnung gegenüber dem Silber immer mehr zu, und eine der bedeutendsten Persönlichkeiten in dieser Entwicklung wurde Simón Ituri Patiño (1862 – 1947), der auch als »Zinn-Baron« bezeichnet wurde. Er stammte aus einfachen Verhältnissen, begann seine berufliche Laufbahn als Bergbau-Lehrling, arbeitete später in einer kleinen Firma für Bergbau-Ausrüstung und wurde dort entlassen, weil er von einem zahlungsunfähigen Kunden statt Geldes eine Besitzurkunde über eine Mine annahm. In dieser zunächst wertlos erscheinenden Mine entdeckte Patiño eine

In dem hübschen Eisenbahnmuseum von Machacamarca mit sehenswerten Exponaten konnte am 17. Juli 2011 die LDE 847 fotografiert werden. Foto: Daniel Wipf

Dieses aufschlussreiche Herstellerschild ist an der LDE 847 angebracht, die in Machacamarca ausgestellt ist. Foto: Daniel Wipf

Zinnerz-Ader, baute das Geschäft schnell und geschickt aus, besaß 1924 bereits 50 Prozent der nationalen Produktion, kontrollierte die Verarbeitung des bolivianischen Zinns in Europa und gründete die »Patiño Mines & Enterprises Consolidated Inc.«. Mit dieser Firma betrieb er eine vertikale, wirtschaftliche Integration der Zinn-Industrie und baute sein Unternehmen weiter aus, so dass er zu den reichsten Männern seiner Zeit gehörte. Im Gegensatz zu anderen bolivianischen »Zinn-Baronen« lebte er hauptsächlich in Europa.

Um die im bolivianischen Hochland vorhandenen Silber- und Zinnbergwerke zu erschließen, ließ Patiño ab 1911 die rund 96 Kilometer lange meterspurige Strecke von Machacamarca nach Uncia bauen, die 1920 in Betrieb ging und dem Güter- wie dem Personenverkehr diente. Eisenbahnverkehrsunternehmen war die »Ferrocarril Machacamarca–Uncia« (FCMU). Die sehr kurvenreiche Strecke begann in Machacamarca auf 3700 Metern ü. M., überquerte den 4400 Meter hohen Paso de Bombo und endete auf 3900 Metern ü. M. in Uncia. Die maximale Steigung betrug 25 Promille, der zulässige Achsdruck 12 Tonnen, der kleinste Kurvenradius 70 Meter und die Höchstgeschwindigkeit 60 km/h. Weil die Außentemperaturen zwischen -15° C im Winter und +30° C im Sommer (im Schatten) schwankten, wurden hohe Anforderungen an die Fahrzeuge gestellt. In Machacamarca hatte die FCMU Anschluss an ebenfalls meterspurige Bahnlinien zum Minenzentrum Catavi sowie nach Oruro, wo wiederum eine Verbindung zur Hauptstrecke in Richtung La Paz bestand.

Das Diesel-Zeitalter bei der FCMU begann 1933 mit dem Erwerb von zwei Triebwagen aus Deutschland, und 1939 bestellte die Bahngesellschaft bei der Gebrüder Sulzer AG in Winterthur als Generalunternehmerin eine sechsachsige, dieselelektrische Lokomotive, um sowohl den Personen- als auch den Güterverkehr wirtschaftlicher zu gestalten. Das Pflichtenheft schrieb folgende Rahmenbedingungen fest: Beförderung eines Zuges von 250 Tonnen auf einer mittleren Steigung von 20 Promille im Dauerbetrieb, Befahren der gesamten Strecke mit einem 100 Tonnen schweren Personenzug in drei Stunden als reiner Fahrzeit, Führen eines 150 Tonnen schweren Güterzuges in 3 ½ Stunden, eines 250-Tonnen-Zuges in 4 Stunden.

Sulzer beauftragte zunächst Henschel & Sohn in Kassel als Zulieferer, doch aufgrund des Zweiten Weltkrieges konnte Henschel den Auftrag nicht ausführen, so dass schließlich Sulzer, MFO (elektrische Anlagen) und Les Ateliers Metallurgiques SA, Nivelles (Belgien) die Lokomotive 1949 fertigstell-

Das als »Nummer 20« bestellte und 1952 nach Bolivien gelieferte Diesel-»Krokodil« wurde bei der RhB intensiv getestet. Auf dem Bild ist es mit acht Personenwagen zwischen Malans und Landquart unterwegs. Foto: Archiv RhB

ten. Das dreiteilige Fahrzeug hatte die Form eines »echten Krokodils«, wobei die Lokomotivbrücke mit dem Kasten auf den beiden Triebdrehgestellen mit den niedrigen Vorbauten ruhte. Ein Sechszylinder-Viertakt-Dieselmotor erbrachte eine Dauerleistung von 474 kW bei 700 U/min auf einer Höhe von 4000 Metern ü. M. und trieb einen Haupt- und einen Hilfsgenerator an. Der Hauptgenerator wiederum speiste je einen elektrischen Traktionsmotor, der zusammen mit einem Ventilator über jedem Triebdrehgestell in den Vorbauten angeordnet war. Mit Hilfe eines Zahnradvorgeleges und des Winterthurer Schrägstangenantriebs wurde die Antriebskraft auf die drei Achsen jedes Drehgestells übertragen. Die Triebdrehgestelle waren also denjenigen der Ge 6/6 I der RhB sehr ähnlich. Der Hauptgenerator diente auch zum Anlassen des Dieselmotors, wobei den dazu nötigen Strom eine Anlass-Batterie lieferte, die in zwei Hälften in den Vorbauten untergebracht wurde. Der Hilfsgenerator war für die Erregung des Hauptgenerators, die Ladung der Batterie, die Speisung der Elektromotoren für die Kühlwasserpumpe, den Kühlerventilator, die Ventilatoren der Traktionsmotoren, den Bremskom-

Die wichtigsten technischen Daten

Länge	14600 mm
Achsstand	12800 mm
Achsfolge	C'C'
Antriebsart	Winterthurer Schrägstange
Treibraddurchmesser	1050 mm
Anzahl Traktionsmotoren	zwei
Leistung	474 kW
Betriebsmasse	70 t
Höchstgeschwindigkeit	60 km/h
Anzahl Fahrmotoren	vier
Anzahl Treibachsen	vier
Treibrad-Durchmesser (neu)	850 mm
Übersetzung der Zahnradgetriebe	1 : 6,14
Dienstmasse	39 t
Stundenleistung	515 kW
Anfahrzugkraft	169 kN
Höchstgeschwindigkeit	55 km/h
Fern- / Vielfachsteuerung	keine
Bremsen	Luftdruckbremse Charmilles, Nutzstrombremse

pressor und den Umformer zuständig, der den Strom für die Beleuchtung und die Steuerung abgab. Der Dieselmotor war gegen Überlastung geschützt und wurde automatisch abgeschaltet, wenn der Wasser- oder Schmieröldruck zu niedrig oder die Kühlwasser-Temperatur zu hoch war. Der Lokomotivkasten umfasste – wie bei den »Krokodilen« üblich – die beiden Führerstände, und die Lokomotivbrücke übertrug die Zug- und Stoßkräfte, was der Konstruktion der Stammnetz-»Krokodile« entsprach.

Die Lokomotive, die als »Nummer 20« bestellt wurde, durchlief bei der RhB ein ausführliches Testprogramm, wurde 1952 als Nummer 22 nach Bolivien geliefert, trug aber eine Platte mit der Nummer 20 und erhielt später die Betriebsnummer »LDE 846«. Aufgrund der positiven Erfahrungen mit der Lokomotive bestellte die FCMU eine zweite Maschine als »Nummer 23«, die Sulzer, MFO und Krupp, Essen bauten. Geliefert wurde das Fahrzeug 1956 als »Nummer 24«, obwohl es eine Platte mit der »Nummer 22« trug. Später wurde es in »LDE 847« umgezeichnet.

1987 übernahm die »Empresa National de Ferrocariles« (ENFE) die FCMU, und 1995 wurde die ENFE aufgeteilt und teilprivatisiert. Seit 1996 betrieb die »Empresa Ferroviaria Andina« (FCA) das rund 2260 Kilometer lange Meterspur-Netz im Hochland, die »Ferroviaria Oriental S. A.« (FCOSA) dasjenige im östlichen Tiefland, das etwa 1244 Kilometer lang ist und seinen Knotenpunkt in Santa Cruz hat. Die FCA übernahm aber die beiden »Krokodile«, die bis in die Neunzigerjahre den 20. Jahrhunderts im Einsatz standen, nicht. LDE 846 wurde zuletzt am 6. April 2008 auf dem Gelände der ENFE- / FCA-Werkstätte in Oruro gesehen bzw. fotografiert, und LDE 847 steht – äußerlich hübsch restauriert – in der großen Werkstätte der Patiño-Mine in Machacamarca, die seit März 2009 ein Museum ist, in dem verschiedene Fahrzeuge die Eisenbahngeschichte Boliviens dokumentieren.

9.2 Das »Mini-Krokodil« Ta 2/2 978 der SBB

Für den Bau der zweiten Röhre des Simplontunnels beschafften die SBB drei zweiachsige Akkumulatoren-Lokomotiven Fa 2/2 51–53. Während die von AEG in Berlin gebaute 51 am 28. November 1913 geliefert und am 26. Januar 1914 in Betrieb genommen wurde, lieferten MFO und SIG die 52 im März 1914, und die 53 wurde 1914 zunächst an der Landesausstellung in Bern gezeigt, bevor sie nach Brig kam. Auf der Baustelle standen die Fahrzeuge rund 18 Stunden pro Tag im Einsatz.

Die Akkumulatoren-Lokomotive Ta 2/2 978 hat schon die »Gotthard-Krokodile« und die »Seetaler« in der Hauptwerkstätte in Bellinzona verschoben, und sie ist immer noch tätig. Foto: Cyrill Seifert

Die 51 wies ein weniger stark gewölbtes Dach auf als die 52 und 53 und war leistungsschwächer als ihre Schwestern, da sie nur 192 Elemente in der Batterie besaß, die beiden anderen jedoch 240. Um eine gute Streckensicht zu ermöglichen, hatten alle drei Maschinen ihren Führerstand in der Mitte, während sich die Batterien in den Vorbauten befanden.

Nach der Fertigstellung des Simplontunnels II kam Fa 2/2 51 in die Hauptwerkstätte (heute »Industriewerk«) Bellinzona, um die vielfältigen Rangierarbeiten in der großen Lokomotivhalle mit drei Gleisen à drei bis vier Lokomotiven zu erfüllen, und erhielt die Bezeichnung »Da 2/2 51«. Kurz darauf wurde das Fahrzeug in »Ta 4261/20« umbenannt, aber nicht entsprechend angeschrieben. Zu den »Kunden« der Akku-Lokomotive gehörten stets auch die großen

Die wichtigsten techn. Daten der Ta 2/2 978	
Erbauer / Akkumulatoren	AEG Berlin / MFO
Baujahr	1913
Länge	8400 mm
Achsstand	3600 mm
Achsfolge	Bo
Anzahl Motoren	zwei
Leistung	145 kW
Betriebsmasse	24 t
Höchstgeschwindigkeit	25 km/h
Geschleppt	45 km/h

»Krokodile«, die zur Revision oder Reparatur nach Bellinzona kamen. Ab 1945 hieß das Fahrzeug

Ta 2/2 45, weil die Tea 51–53 beschafft worden waren. In den Siebzigerjahren überlegte man sich ernsthaft den Ersatz des Fahrzeugs, aber ein Dieseltraktor kam wegen der Abgase nicht in Frage, und das »Mini-Krokodil« leistete trotz des Rostes und der veralteten Schaltapparate zuverlässige Arbeit. Also entschied man sich für eine gründliche Revision, die nicht allzu kostspielig war, und so ist die Lokomotive bis heute mit der Betriebsnummer Ta 978 im Einsatz, obwohl sie offiziell nicht mehr in den Bestandslisten der SBB geführt wird.

Ta 2/2 52 und 53 waren in verschiedenen Bahnhöfen tätig und wurden 1945 in Ta 46 und 47 umbenannt. 52 wurde 1948 nach einem Brandschaden abgebrochen und 53 im Jahre 1954 ausrangiert.

Ge 4/4 112 trug auch am 6. August 2013, also im Hochsommer, Schneepflüge auf beiden Seiten, als sie vor der Depotwerkstätte des RBS in Solothurn fotografiert werden konnte. Foto: H.-B. Schönborn

9.3 Die Schwestern aus Hagen

1927/28 erhielt die »Hagener Vorortbahn GmbH«, die Nachfolgerin der in Konkurs geratenen »Kleinbahn Voerde-Haspe GmbH«, die ihrerseits in der »Hagener Straßenbahn AG« aufging, für die nunmehr elektrifizierten Strecken von AEG in Berlin drei schwere, vierachsige Lokomotiven mit den Herstellernummern 3527, 3528 und 4053. Die Fahrzeuge mit den Betriebsnummern 1–3 kamen vor allem für den Gütertransport mit Rollböcken zum Einsatz.

Mitte der Fünfzigerjahre gab die Hagener Straßenbahn den Güterverkehr schrittweise auf, und so kam 1956 Lokomotive Nr. 1 zu den »Vereinigten Bern–Worb-Bahnen« (VBW), denn bei den VBW nahm der Güterverkehr so stark zu, dass sich die Bahngesellschaft intensiv nach einem weiteren leistungsstarken Triebfahrzeug umschaute. 1967 folgte dann Lokomotive Nr. 3, während Nr. 2 bis zu ihrem Abbruch in Hagen blieb.

In der Werkstätte der VBW in Worb wurden die Fahrzeuge für ihr neues Einsatzgebiet angepasst: Sie erhielten Zentralpuffer, einen neuen MFO-Vielstufenkontroller, eine Charmilles-Druckluftbremse (mit Rangierbremse) und

Ge 4/4 61 der VBW (später Ge 4/4 111 des RBS) führte am 9. November 1981 einen Rollschemel-Güterzug zwischen Boll-Utzigen und Stettlen. Foto: Jürg Aeschlimann

Ge 4/4 112 schleppte am 28. August 1990 den defekten Gütertriebwagen De 4/4 105 samt einem auf Rollböcke verladenen Ks von Worblaufen nach Worb Dorf. Foto: Jürg Aeschlimann

einen neuen Stromabnehmer. Die Betriebsnummern waren nun Ge 4/4 61 (ehemals Nr. 1) und 62 (ehemals Nr. 3), und der weiße Straßenbahn-Anstrich wurde durch eine braune Lackierung ersetzt, wobei Nr. 61 von 1956 bis 1958 nur einen Grundanstrich trug.

Die beiden Lokomotiven kamen vor allem mit Rollschemel-Güterzügen auf den Strecken Worblaufen – Worb Dorf sowie Worb Dorf – Gümligen zum Einsatz, die Ge 4/4 62 konnte auch unter 1200 V Fahrleitungsspannung verkehren und führte deshalb von 1971 bis 1975 Güterzüge für die »Solothurn–Zollikofen–Bern-Bahn« (SZB) zwischen Solothurn und Schönbühl/Worblaufen. Im unteren Worblental endeten diese Einsätze mit der Inbetriebnahme des neuen Anschlussgleises, eines Dreischienengleises, der Mühle Bolligen im Juli 1973. Ab September 1971 wurden die Normalspurwagen in Deisswil auf Rollschemel verladen und nach Boll-Utzigen und Worb Dorf befördert. Auf der Strecke Worb Dorf – Gümligen wurde der Güterverkehr im Mai 1979 eingestellt. Aufgrund des bevorstehenden Abbruchs der Verladeanlage in Deisswil wurden die Rollschemel für die Bahnhöfe Boll-Utzigen und Worb Dorf ab Herbst 1983 wieder in Worblaufen beladen. Diese Einsätze endeten im Mai 1988. Danach waren die VBW-Lokomotiven, die den Spitznamen »Yeti« erhielten, bis zur Übernahme des Güterverkehrs auf dem Dreischienengleis durch SBB Cargo im Mai 1999 auch als Vorspannlokomotiven vor Normalspurzügen eingesetzt.

Auf den 1. Januar 1984 fusionierten VBW und SZB zum »Regionalverkehr Bern–Solothurn« (RBS). 1988 (Nr. 61) / 1989 (Nr. 62) wurden beide Lokomotiven umgebaut und jeweils im Winter mit Schneepflügen ausgerüstet. Sie erhielten einen Neuanstrich in Oxidrot, die Anschrift »RBS« für die neue Bahngesellschaft und die neuen Betriebsnummern 111 (ehemals 61) und 112 (ehemals 62). Stationiert wurden sie in Worb Dorf (111) und Solothurn (112), Einsatzgebiet waren auch Bau- und Dienstzüge.

Etwa seit 2001 werden die Schneepflüge auch im Sommer nicht mehr demontiert, weil für den Baudienst moderne, fernsteuerbare Lokomotiven beschafft wurden, und so kommen die Fahrzeuge nur noch selten zum Einsatz. Trotzdem müssen sie regelmäßig revidiert werden, so dass das Kosten-Nutzen-Verhältnis nicht mehr stimmt. Deshalb gibt es beim RBS Überlegungen, die Lokomotiven an die »Bergischen Museumsbahnen Wuppertal e. V.« in Deutschland anzugeben, die auch schon ihr Interesse bekundet haben.

Auch Ge 4/4 111 ist ganzjährig mit Schneepflügen ausgerüstet und posierte am 6. August 2013 für den Fotografen auf dem Gelände des RBS-Depots in Worb. Foto: H.-B. Schönborn

Die wichtigsten techn. Daten der Ge 4/4 111–112

Besitzer	Hagener Vorortbahn / VBW / RBS
Betriebsnummern	1 und 3 / 61–62 / 111–112
Hersteller / Umbau	AEG Berlin / VBW / RBS
Baujahr / Umbau	1927/28, 1956/1967, 1988/89
Länge	9650 mm
Achsstand	5600 mm
Achsfolge	Bo´ Bo´
Anzahl Motoren	vier
Leistung	640 PS
Übersetzungsverhältnis	1 : 5,933
Betriebsmasse	34 t
Höchstgeschwindigkeit	35 km/h

Eine hübsche Komposition: Ge 2/2 49 und der Sommerwagen CK 39 standen am 6. August 2013 zum Fotografieren vor dem Bahnhof Wasserauen der Appenzeller Bahnen.
Foto: H.-B. Schönborn

9.4 Das »Krokodilchen« Ge 2/2 49 der Appenzeller Bahnen

Eines der kleinsten »Krokodilchen« in der Schweiz ist die Ge 2/2 49 der Appenzeller Bahnen, die aber eine sehr interessante Geschichte hat: Die »Appenzell-Weissbad-Wasserauen-Bahn« (AWW), die bis 1939 »Säntisbahn« hieß und 1947 mit der »Appenzeller Bahn« zu den »Appenzeller Bahnen« (AB) fusionierte, besaß drei zweiachsige Personentriebwagen CFe 2/2 1–3, die nach der Erhöhung der Fahrleitungsspannung von 1000 auf die bei den AB üblichen 1500 V nicht mehr eingesetzt werden konnten. Beim CFe 2/2 1, der seit 1947 CFe 2/2 37 hieß, wurde die elektrische Ausrüstung der höheren Spannung angepasst, dann aber der Wagenkasten, der 1954 einen roten Anstrich erhalten hatte, abgebrochen. Nachdem das Untergestell gekürzt worden war, erhielt das Fahrzeug in der bahneigenen Werkstätte einen Aufbau aus Stahl, der aus einem zentralen Führerhaus und zwei niedrigeren Vorbauten bestand. Das Führerhaus umfasste für jede Fahrtrichtung einen Führertisch für eine stehende Bedienung, und in den Vorbauten wurden u. a. die Anfahrwiderstände und die

Die wichtigsten technischen Daten der Ge 2/2 49

Hersteller	SWS / MFO /AB
Baujahr / Umbau	1912 / 1955
Länge	7650 mm
Achsstand	4000 mm
Achsfolge	Bo
Treibrad-Durchmesser	900 mm
Anzahl Motoren	zwei
Leistung	100 kW
Betriebsmasse	12 t
Höchstgeschwindigkeit	45 km/h
Betriebsmasse	34 t
Höchstgeschwindigkeit	35 km/h

Einer der beiden gleich ausgerüsteten Tische im Führerstand der Ge 2/2 49 am 6. August 2013 in Wasserauen **Foto: H.-B. Schönborn**

Kompressorgruppe untergebracht. Die ursprüngliche Westinghouse-Bremse ersetzte man durch eine Oerlikon-Bremse. So war die Lokomotive Ge 2/2 49 entstanden, die zwischen 1955 und 1966 die Güterzüge Herisau – Urnäsch sowie gelegentlich Sportzüge Schwende – Wasserauen führte. Auch Dienstzüge gehörten zu ihrem Einsatzgebiet. Ab 1966 war sie im Rangierdienst in Herisau tätig und erhielt als Baudienst-Traktor die Bezeichnung Te 2/2 49. 2012 wurde die Lokomotive frisch in Rot-Crème lackiert und wieder als »Ge 2/2« bezeichnet. Sie wird von »AG 2 – Verein historische Appenzeller Bahnen« liebevoll betreut und kommt vor allem bei Sonderfahrten mit den beiden originalen AWW-Personenwagen 13 und 14 zum Einsatz.

9.5 Das »Low-Cost-Krokodil«

1953 ließ die »Compagnie du Chemin de fer Régional du Val-de-Travers« (RVT), heute »Transports Régionaux Neuchâtelois« (TRN), bei SAAS und den »Ateliers de Constructions Mécanique de Vevey SA« (ACMV) eine vierachsige, krokodilähnliche Lokomotive für den Einsatz auf Normalspurstrecken bauen und stellte sie mit der Bezeichnung Be 4/4 1 in Dienst. Um nach dem Vorbild der YSC die Anschaffungskosten möglichst gering zu halten, die dann nur 420.000 Franken betrugen, gestaltete man das Fahrzeug möglichst einfach, doch es bewahrheitete sich bei dieser Lokomotive die Erkenntnis, dass etwas, was nicht viel kostet, bisweilen auch die Erwartungen nicht erfüllt. Und so wurden recht bald Verbesserungen erforderlich: Die Achsen mussten verstärkt, die Tatzlager- in Drehgestellmotoren umgebaut und SAAS-Lamellenantriebe samt neuer Getriebe eingebaut werden.

Da die Vorbauten, die schmaler als die Führerkabine sind, eine unterschiedliche Länge haben und der Mittelteil nur noch aus einer Führerkabine besteht, die zwei identische Führertische für die beiden Fahrtrichtungen besitzt, ähnelt die Maschine stark den SBB-Rangierlokomotiven vom Typ Ee 3/3, zumal die RVT-Lokomotive an beiden Vorderfronten mit Geländern gesicherte Plattformen aufweist. Sie stellt sozusagen ein Zwischenglied dar, denn das »Lokomotivgesicht« mit dem weit vorgezogenen Dach gleicht wiederum den »Krokodilen«. Die Mittelleuchten des Dreispitzsignals sowie darüber die Fahrberechtigungslampe befinden

Die wichtigsten techn. Daten der RVT-Be 4/4	
Betriebsnummer	Be 417 301 (ursprünglich Be 4/4 1)
Hersteller	ACMV / SAAS
Werksnummer	74 (ACMV) / 6868 (SAAS)
Baujahr	1953
Länge	11150 mm
Achsstand	7400 mm
Raddurchmesser	920 mm
Achsfolge	Bo´ Bo´
Anzahl Motoren	vier
Übersetzung	1 : 5,23
Leistung	690 kW
Betriebsmasse	45 t
Höchstgeschwindigkeit	75 km/h

sich in der Mitte an den Frontseiten des Führerstandes zwischen den beiden Fenstern. Die Lokomotive verfügt über eine »Totmann-Einrichtung« und über Ausgänge von 1000 V für die Zugheizung. Vorne in der Mitte der Vorbauten steht jeweils ein recht großes Schild mit den römischen Ziffern I

Bei Couvet im Jura war am 30. August 1994 die Be 4/4 1 des RVT mit dem M 228, Travers – Fleurier, einem »Güterzug mit Personenbeförderung«, unterwegs, der in Travers Anschlussreisende und Güterkurswagen von einem GmP der SBB von Neuenburg nach Pontarlier übernommen hatte.
Foto: Dietmar Beckmann

und II, wobei I »Seite Fleurier« und II »Seite Travers« bedeutet.

Von Travers nach Fleurier konnte die Lokomotive Züge mit einem Maximalgewicht von 300 Tonnen befördern, in der Gegenrichtung war die Anhängelast auf 250 Tonnen beschränkt, weil die Steigung größer ist. Bis zur Einstellung des Wagenladungsverkehrs im Val-de-Travers am 28. Mai 2006 führte die Be 4/4 auch »Güterzüge mit Personenbeförderung« (GmP) und versah den Rangierdienst in Fleurier, seit 2018 kümmert sich die RVT-Historique um die Lok.

9.6 Die ersten »Rangier-Krokodilchen« der Schweiz

Die ehemaligen Chemins de fer Electriques de la Gruyère (CEG), spätere Chemins de fer fribourgeois Gruyère–Fribourg–Morat (GFM) und heutigen Transports publics fribourgeois (tpf) beschafften 1913 als erste Bahngesellschaft in der Schweiz ein schmalspuriges Triebfahrzeug, das ausschließlich für den Rangierdienst eingesetzt wurde. Das zweiachsige Fahrzeug mit der Form eines »Mini-Krokodils« hatte ein zentrales Führerhaus, in dem alle wichtigen Bedienungselemente doppelt vorhanden waren, zunächst einen Lyrabügel, ab 1943 einen Scherenstromabnehmer und zwei niedrigere, schmalere Vorbauten.

Die beiden Fahrmotoren waren dauernd parallel geschaltet und wurden in fünf Stufen mittels Direktkontroller reguliert. Es gab nur eine Handbremse, denn auf den Einbau einer Druckluftbremse war verzichtet worden. Um auch Normalspurfahrzeuge auf den Dreischienengleisen in Bulle rangieren zu können, wurden auf beiden Seiten herunterklappbare Hilfsstoßbalken mit asymmetrisch angeordneten Normalspurpuffern angebaut.

Von 1913 bis 1942 wurde das Fahrzeug als Ge 2/2 500, ab 1942 als Ge 2/2 11 und ab 1954 als Te 2/2 11 bezeichnet. 1959 wurde die Lackierung von Grün auf Rot geändert. Für den Rangierdienst in Palézieux wurde von den CEG ebenfalls 1913 der als Ge 2/2 501 bezeichnete Traktor in Dienst gestellt. Das einfach gestaltete Fahrzeug hatte auch die Form eines »Mini-Krokodils«, und die beiden dauernd in Serie geschalteten Fahrmotoren stammten von dem CEG-Triebwagen 6. Eine Druckluftbremse gab es nicht, auch keine Normalspur-Zug-/Stoßvorrichtungen. Etwa 1943 wurde der Lyrabügel durch einen Scherenstromabnehmer ersetzt und 1954 die ursprünglichen Fahrmotoren durch stärkere von einem modernisierten Triebwagen, so dass die Höchstgeschwindigkeit von 25 auf 50 km/h verdoppelt werden konnte. 1960 erhielt das Fahrzeug, das bis 1968 in Palézieux, danach in Montbovon eingesetzt ist, ein Dach aus Metall.

Von 1913 bis 1941 lautete die Bezeichnung Ge 2/2 501, von 1942 bis 1954 Ge 2/2 12, danach Te 2/2 12. Der Anstrich wechselte 1960 von Grün auf Rot.

Te 2/2 11, das älteste Fahrzeug, das speziell für den Rangierdienst gebaut wurde, wartete am 3. Mai 2010 beim Depot in Bulle auf seinen nächsten Einsatz. Foto: Markus Strässle

Die wichtigsten techn. Daten der Te 2/2 11–12

	11	12
Hersteller	MFO	Alioth / CEG
Baujahr	1913	1913
Länge	7740 mm	6200 mm
Achsstand	3500 mm	3000 mm
Achsfolge	Bo	Bo
Treibrad-Durchmesser	900 mm	840 mm
Anzahl Motoren	zwei	zwei
Leistung	88 kW	74 kW
max. Anfahrzugkraft	3,1 t	1,9 t
Übersetzungsverhältnis	1 : 5,33	1 : 4,0
Betriebsmasse	16,5 t	9 t
Höchstgeschwindigkeit	30 km/h	50 km/h

9.7 Vierachsige »Rangier-Krokodile«

1927 bzw. 1933 bauten die Chemins de fer Electriques de la Gruyère (CEG) zwei Triebwagen, welche die Châtel–Palézieux-Bahn (CP) zu ihrer Eröffnung 1901 beschafft hatte, in die Rangierlokomotiven Ge 4/4 502 – 503 um, wobei das Unterstell bei dem Umbau verkürzt wurde. Die Fahrzeuge hatten wiederum die Form von »Mini-Krokodilen«, wobei die Vorbauten auch noch schräg nach vorne abfielen, um die Sicht beim Rangieren zu verbessern. Wie die Ge 2/2 500 verfügten die Lokomotiven über herunterklappbare Hilfsstoßbalken mit Normalspurpuffern. Im zentralen Führerstand waren die wichtigen Elemente, z. B. Fahrschalter und Bremskontroller, doppelt vorhanden.

1945 bzw. 1947 erhielten die Ge 4/4 Stufenkontroller von moderneren Triebwagen. 1953 wurden in die Ge 4/4 14 die Radsätze, Fahrmotoren und Achsbüchsen von einem ausrangierten Triebwagen eingebaut, so dass sich die Leistung und die Höchstgeschwindigkeit erhöhten. 1959 tauschte man bei der Ge 4/4 13 die Drehgestelle samt Fahrmotoren vollständig aus, was gleichfalls Leistung und Geschwindigkeit verbesserte. 1962 erhielten die Fahrzeuge Dächer aus Metall.

Bis 1941 hießen die Fahrzeuge Ge 4/4 502–503, von 1942 bis 1954 Ge 4/4 13–14, seither Te 4/4 13–14. 1959 wechselte die Lackierung von Grün auf Oxidrot. Ursprünglich war Lok 13 in Broc-Fabrique und Lok 14 in Châtel-St-Denis stationiert, heute befindet sich Te 4/4 14 in Montbovon, wo sie von der GFM Historique betreut wird. Lok 13 wurde 2017 abgestellt.

Die wichtigsten techn. Daten des Te 4/4 13 bzw. 14	
Hersteller	Alioth / CEG
Baujahr	1927 bzw. 1933
Länge	11040 mm
Achsstand	6800 mm
Achsfolge	Bo´Bo´
Treibrad-Durchmesser	840 mm
Anzahl Motoren	vier
Leistung	147 bzw. 103 kW
max. Anfahrzugkraft	6,0 bzw. 3,7 t
Übersetzungsverhältnis	1 : 4,0
Betriebsmasse	23 bzw. 21 t
Höchstgeschwindigkeit	45 bzw. 50 km/h

Te 4/4 13, der mit Pufferbohlen zum Rangieren von Normalspurfahrzeugen ausgerüstet ist, versah am 6. September 2013 seinen Dienst im Bahnhof Bulle. Foto: H.-B. Schönborn

9.8 Eigenbau-»Krokodilchen«

1938 bzw. 1963 haben die CEV zwei interessante Rangier-Fahrzeuge in der eigenen Werkstätte gebaut: 1938 entstand aus dem Untergestell des Güterwagens K 39 sowie den Motoren und Achsen von ausrangierten Adhäsions-Triebwagen BDe 4/4 101–103 der zweiachsige Rangier-Traktor Te 82. Das rund neun Tonnen schwere Fahrzeug mit einem geräumigen Führerstand und zwei kleinen Vorbauten versah einige Jahre lang den Rangierdienst in Blonay. 2013 wurde der Traktor frisch revidiert und strahlt in neuem Glanz.

Aus den Teilen der ausrangierten Triebwagen 38 und 39 der Verkehrsbetriebe Luzern wurde 1963 der zweiachsige, 12 Tonnen schwere Te 81 aufgebaut, der ab der Mitte der Neunzigerjahre bei der MOB im Rangierdienst eingesetzt wurde, vor allem im Bereich der Depotwerkstätte Chernex.

Der frisch revidierte Te 82 der CEV (MVR) stand am 3. August 2013 bei der Werkstätte in Vevey. Foto: H.-B. Schönborn

Einer der beiden gleich ausgerüsteten Tische im Führerstand der Ge 2/2 49 am 6. August 2013 in Wasserauen **Foto: H.-B. Schönborn**

Kompressorgruppe untergebracht. Die ursprüngliche Westinghouse-Bremse ersetzte man durch eine Oerlikon-Bremse. So war die Lokomotive Ge 2/2 49 entstanden, die zwischen 1955 und 1966 die Güterzüge Herisau – Urnäsch sowie gelegentlich Sportzüge Schwende – Wasserauen führte. Auch Dienstzüge gehörten zu ihrem Einsatzgebiet. Ab 1966 war sie im Rangierdienst in Herisau tätig und erhielt als Baudienst-Traktor die Bezeichnung Te 2/2 49. 2012 wurde die Lokomotive frisch in Rot-Crème lackiert und wieder als »Ge 2/2« bezeichnet. Sie wird von »AG 2 – Verein historische Appenzeller Bahnen« liebevoll betreut und kommt vor allem bei Sonderfahrten mit den beiden originalen AWW-Personenwagen 13 und 14 zum Einsatz.

9.5 Das »Low-Cost-Krokodil«

1953 ließ die »Compagnie du Chemin de fer Régional du Val-de-Travers« (RVT), heute »Transports Régionaux Neuchâtelois« (TRN), bei SAAS und den »Ateliers de Constructions Mécanique de Vevey SA« (ACMV) eine vierachsige, krokodilähnliche Lokomotive für den Einsatz auf Normalspurstrecken bauen und stellte sie mit der Bezeichnung Be 4/4 1 in Dienst. Um nach dem Vorbild der YSC die Anschaffungskosten möglichst gering zu halten, die dann nur 420.000 Franken betrugen, gestaltete man das Fahrzeug möglichst einfach, doch es bewahrheitete sich bei dieser Lokomotive die Erkenntnis, dass etwas, was nicht viel kostet, bisweilen auch die Erwartungen nicht erfüllt. Und so wurden recht bald Verbesserungen erforderlich: Die Achsen mussten verstärkt, die Tatzlager- in Drehgestellmotoren umgebaut und SAAS-Lamellenantriebe samt neuer Getriebe eingebaut werden.

Da die Vorbauten, die schmaler als die Führerkabine sind, eine unterschiedliche Länge haben und der Mittelteil nur noch aus einer Führerkabine besteht, die zwei identische Führertische für die beiden Fahrtrichtungen besitzt, ähnelt die Maschine stark den SBB-Rangierlokomotiven vom Typ Ee 3/3, zumal die RVT-Lokomotive an beiden Vorderfronten mit Geländern gesicherte Plattformen aufweist. Sie stellt sozusagen ein Zwischenglied dar, denn das »Lokomotivgesicht« mit dem weit vorgezogenen Dach gleicht wiederum den »Krokodilen«. Die Mittelleuchten des Dreispitzsignals sowie darüber die Fahrberechtigungslampe befinden

sich in der Mitte an den Frontseiten des Führerstandes zwischen den beiden Fenstern. Die Lokomotive verfügt über eine »Totmann-Einrichtung« und über Ausgänge von 1000 V für die Zugheizung. Vorne in der Mitte der Vorbauten steht jeweils ein recht großes Schild mit den römischen Ziffern I

Die wichtigsten techn. Daten der RVT-Be 4/4	
Betriebsnummer	Be 417 301 (ursprünglich Be 4/4 1)
Hersteller	ACMV / SAAS
Werksnummer	74 (ACMV) / 6868 (SAAS)
Baujahr	1953
Länge	11150 mm
Achsstand	7400 mm
Raddurchmesser	920 mm
Achsfolge	Bo´ Bo´
Anzahl Motoren	vier
Übersetzung	1 : 5,23
Leistung	690 kW
Betriebsmasse	45 t
Höchstgeschwindigkeit	75 km/h

Bei Couvet im Jura war am 30. August 1994 die Be 4/4 1 des RVT mit dem M 228, Travers – Fleurier, einem »Güterzug mit Personenbeförderung«, unterwegs, der in Travers Anschlussreisende und Güterkurswagen von einem GmP der SBB von Neuenburg nach Pontarlier übernommen hatte.
Foto: Dietmar Beckmann

und II, wobei I »Seite Fleurier« und II »Seite Travers« bedeutet.

Von Travers nach Fleurier konnte die Lokomotive Züge mit einem Maximalgewicht von 300 Tonnen befördern, in der Gegenrichtung war die Anhängelast auf 250 Tonnen beschränkt, weil die Steigung größer ist. Bis zur Einstellung des Wagenladungsverkehrs im Val-de-Travers am 28. Mai 2006 führte die Be 4/4 auch »Güterzüge mit Personenbeförderung« (GmP) und versah den Rangierdienst in Fleurier, seit 2018 kümmert sich die RVT-Historique um die Lok.

9.6 Die ersten »Rangier-Krokodilchen« der Schweiz

Die ehemaligen Chemins de fer Electriques de la Gruyère (CEG), spätere Chemins de fer fribourgeois Gruyère–Fribourg–Morat (GFM) und heutigen Transports publics fribourgeois (tpf) beschafften 1913 als erste Bahngesellschaft in der Schweiz ein schmalspuriges Triebfahrzeug, das ausschließlich für den Rangierdienst eingesetzt wurde. Das zweiachsige Fahrzeug mit der Form eines »Mini-Krokodils« hatte ein zentrales Führerhaus, in dem alle wichtigen Bedienungselemente doppelt vorhanden waren, zunächst einen Lyrabügel, ab 1943 einen Scherenstromabnehmer und zwei niedrigere, schmalere Vorbauten.

Die beiden Fahrmotoren waren dauernd parallel geschaltet und wurden in fünf Stufen mittels Direktkontroller reguliert. Es gab nur eine Handbremse, denn auf den Einbau einer Druckluftbremse war verzichtet worden. Um auch Normalspurfahrzeuge auf den Dreischienengleisen in Bulle rangieren zu können, wurden auf beiden Seiten herunterklappbare Hilfsstoßbalken mit asymmetrisch angeordneten Normalspurpuffern angebaut.

Von 1913 bis 1942 wurde das Fahrzeug als Ge 2/2 500, ab 1942 als Ge 2/2 11 und ab 1954 als Te 2/2 11 bezeichnet. 1959 wurde die Lackierung von Grün auf Rot geändert. Für den Rangierdienst in Palézieux wurde von den CEG ebenfalls 1913 der als Ge 2/2 501 bezeichnete Traktor in Dienst gestellt. Das einfach gestaltete Fahrzeug hatte auch die Form eines »Mini-Krokodils«, und die beiden dauernd in Serie geschalteten Fahrmotoren stammten von dem CEG-Triebwagen 6. Eine Druckluftbremse gab es nicht, auch keine Normalspur-Zug-/Stoßvorrichtungen. Etwa 1943 wurde der Lyrabügel durch einen Scherenstromabnehmer ersetzt und 1954 die ursprünglichen Fahrmotoren durch stärkere von einem modernisierten Triebwagen, so dass die Höchstgeschwindigkeit von 25 auf 50 km/h verdoppelt werden konnte. 1960 erhielt das Fahrzeug, das bis 1968 in Palézieux, danach in Montbovon eingesetzt ist, ein Dach aus Metall.

Von 1913 bis 1941 lautete die Bezeichnung Ge 2/2 501, von 1942 bis 1954 Ge 2/2 12, danach Te 2/2 12. Der Anstrich wechselte 1960 von Grün auf Rot.

Te 2/2 11, das älteste Fahrzeug, das speziell für den Rangierdienst gebaut wurde, wartete am 3. Mai 2010 beim Depot in Bulle auf seinen nächsten Einsatz. Foto: Markus Strässle

Die wichtigsten techn. Daten der Te 2/2 11–12

	11	12
Hersteller	MFO	Alioth / CEG
Baujahr	1913	1913
Länge	7740 mm	6200 mm
Achsstand	3500 mm	3000 mm
Achsfolge	Bo	Bo
Treibrad-Durchmesser	900 mm	840 mm
Anzahl Motoren	zwei	zwei
Leistung	88 kW	74 kW
max. Anfahrzugkraft	3,1 t	1,9 t
Übersetzungsverhältnis	1 : 5,33	1 : 4,0
Betriebsmasse	16,5 t	9 t
Höchstgeschwindigkeit	30 km/h	50 km/h

9.7 Vierachsige »Rangier-Krokodile«

1927 bzw. 1933 bauten die Chemins de fer Electriques de la Gruyère (CEG) zwei Triebwagen, welche die Châtel–Palézieux-Bahn (CP) zu ihrer Eröffnung 1901 beschafft hatte, in die Rangierlokomotiven Ge 4/4 502 – 503 um, wobei das Unterstell bei dem Umbau verkürzt wurde. Die Fahrzeuge hatten wiederum die Form von »Mini-Krokodilen«, wobei die Vorbauten auch noch schräg nach vorne abfielen, um die Sicht beim Rangieren zu verbessern. Wie die Ge 2/2 500 verfügten die Lokomotiven über herunterklappbare Hilfsstoßbalken mit Normalspurpuffern. Im zentralen Führerstand waren die wichtigen Elemente, z. B. Fahrschalter und Bremskontroller, doppelt vorhanden.

1945 bzw. 1947 erhielten die Ge 4/4 Stufenkontroller von moderneren Triebwagen. 1953 wurden in die Ge 4/4 14 die Radsätze, Fahrmotoren und Achsbüchsen von einem ausrangierten Triebwagen eingebaut, so dass sich die Leistung und die Höchstgeschwindigkeit erhöhten. 1959 tauschte man bei der Ge 4/4 13 die Drehgestelle samt Fahrmotoren vollständig aus, was gleichfalls Leistung und Geschwindigkeit verbesserte. 1962 erhielten die Fahrzeuge Dächer aus Metall.

Die wichtigsten techn. Daten des Te 4/4 13 bzw. 14	
Hersteller	Alioth / CEG
Baujahr	1927 bzw. 1933
Länge	11040 mm
Achsstand	6800 mm
Achsfolge	Bo´Bo´
Treibrad-Durchmesser	840 mm
Anzahl Motoren	vier
Leistung	147 bzw. 103 kW
max. Anfahrzugkraft	6,0 bzw. 3,7 t
Übersetzungsverhältnis	1 : 4,0
Betriebsmasse	23 bzw. 21 t
Höchstgeschwindigkeit	45 bzw. 50 km/h

Bis 1941 hießen die Fahrzeuge Ge 4/4 502–503, von 1942 bis 1954 Ge 4/4 13–14, seither Te 4/4 13–14. 1959 wechselte die Lackierung von Grün auf Oxidrot. Ursprünglich war Lok 13 in Broc-Fabrique und Lok 14 in Châtel-St-Denis stationiert, heute befindet sich Te 4/4 14 in Montbovon, wo sie von der GFM Historique betreut wird. Lok 13 wurde 2017 abgestellt.

Te 4/4 13, der mit Pufferbohlen zum Rangieren von Normalspurfahrzeugen ausgerüstet ist, versah am 6. September 2013 seinen Dienst im Bahnhof Bulle. Foto: H.-B. Schönborn

9.8 Eigenbau-»Krokodilchen«

1938 bzw. 1963 haben die CEV zwei interessante Rangier-Fahrzeuge in der eigenen Werkstätte gebaut: 1938 entstand aus dem Untergestell des Güterwagens K 39 sowie den Motoren und Achsen von ausrangierten Adhäsions-Triebwagen BDe 4/4 101–103 der zweiachsige Rangier-Traktor Te 82. Das rund neun Tonnen schwere Fahrzeug mit einem geräumigen Führerstand und zwei kleinen Vorbauten versah einige Jahre lang den Rangierdienst in Blonay. 2013 wurde der Traktor frisch revidiert und strahlt in neuem Glanz.

Aus den Teilen der ausrangierten Triebwagen 38 und 39 der Verkehrsbetriebe Luzern wurde 1963 der zweiachsige, 12 Tonnen schwere Te 81 aufgebaut, der ab der Mitte der Neunzigerjahre bei der MOB im Rangierdienst eingesetzt wurde, vor allem im Bereich der Depotwerkstätte Chernex.

Der frisch revidierte Te 82 der CEV (MVR) stand am 3. August 2013 bei der Werkstätte in Vevey. Foto: H.-B. Schönborn

Abkürzungsverzeichnis

Bahngesellschaften

AB Appenzeller Bahnen
AWW Appenzell–Weissbad–Wasserauen-Bahn
BB Bernina Bahn
BBÖ Bundesbahnen Österreichs
BFD Brig–Furka–Disentis-Bahn (Compagnie suisse du Chemin de fer de la Furka)
BLS Berner Alpenbahngesellschaft Bern–Lötschberg–Simplon BLS
BM Ferrovia elettrica Bellinzona–Mesocco
BN Bern–Neuenburg-Bahn
BT Bodensee–Toggenburg-Bahn
BVZ Compagnie du Chemin de Fer de Brigue–Viège–Zermatt
CEG Chemins de fer Electriques de la Gruyère
CEV Chemins de fer électriques Veveysans
ChA Chur–Arosa-Bahn
CP Châtel–Palézieux-Bahn
DB Deutsche Bundesbahn
DB AG Deutsche Bahn AG (seit 1994)
DR Deutsche Reichsbahn, ab 1949 die Staatsbahn der DDR
EPG Kreisbahn Emden – Pewsum – Greetsiel
FO Furka–Oberalp-Bahn
GFM Chemins de fer fribourgeois Gruyère–Fribourg–Morat
JS Jura–Simplon-Bahn
Krb.O.K. Kreisbahn Osterode – Kreiensen
LD Schmalspurbahn Landquart–Davos AG
LSE Luzern–Stans–Engelberg-Bahn
MEG Mittelbadische Eisenbahnen AG
MGBahn Matterhorn–Gotthard-Bahn
MVR Transports Montreux–Vevey–Riviera
ÖBB Österreichische Bundesbahnen
OC Chemin de fer Orbe–Chavornay
PEG Prignitzer Eisenbahn GmbH
RBS Regionalverkehr Bern–Solothurn
RhB Rhätische Bahn
RVT Compagnie du Chemin de fer Régional du Val-de-Travers
SB Säntis-Bahn
SBB Schweizerische Bundesbahnen
SchB Schöllenenbahn
SOB Südostbahn
SOS Suisse Occidentale–Simplon
STB Schweizerische Seethalbahngesellschaft
StEB Stansstad–Engelberg-Bahn
SWEG Südwestdeutsche Eisenbahn AG
SZB Solothurn–Zollikofen–Bern-Bahn
TRAVYS Transports Vallée de Joux–Yverdon-les-Bain–Ste-Croix
tpf Transports publics fribourgeois
TRN Transports Régionaux Neuchâtelois
VWB Vereinigte Worb–Bern-Bahnen
VZ Compagnie du Chemin de Fer de Viège à Zermatt SA
YSC Chemin de fer Yverdon–Ste-Croix
zb Zentralbahn

Museen und Museumsbahnen

BEM Bayrisches Eisenbahnmuseum in Nördlingen
BC Blonay–Chamby
DEV Deutscher Eisenbahn-Verein
DFB Dampfbahn Furka-Bergstrecke
DGEG Deutsche Gesellschaft für Eisenbahngeschichte
GES Gesellschaft zur Erhaltung von Schienenfahrzeugen, Stuttgart
HMB Härtsfeld-Museumsbahn, Neresheim
ÖGEG Österreichische Gesellschaft für Eisenbahngeschichte
VHS Verkehrshaus der Schweiz in Luzern

Hersteller

ABB Asea Brown Boveri, Baden
ACMV Ateliers de Constructions Mécanique de Vevey SA
AEG Allgemeine Elektricitäts-Gesellschaft
BBC Brown Boveri & Cie.
KHD Klöckner-Humboldt-Deutz
MFO Maschinenfabrik Oerlikon
MWM Mannheimer Motorenwerke
SAAS Société Anonyme des Ateliers de Sécheron
SIG Schweizerische Industrie-Gesellschaft
SLM Schweizerische Lokomotiv- und Maschinenfabrik
SSW Siemens-Schuckert-Werke, Berlin
SWS Schweizerische Waggons- und Aufzügefabrik AG Schlieren
WLF Wiener Lokomotivfabrik Floridsdorf

Maßeinheiten

kN Kilonewton
kV Kilovolt
kW Kilowatt

WEITERE INTERESSANTE BÜCHER ZUM THEMA

Hans-Bernhard Schönborn berichtet nicht nur ausführlich über die Matterhorn Gotthard Bahn - eine der bekanntesten und spektakulärsten Schmalspurbahnen der Schweiz – sondern auch über die Gornergratbahn, das charmante Riffelalptram sowie die Dampfbahn Furka-Bergstrecke (DFB).
192 Seiten, 300 Abb., 230x265 mm
ISBN 978-3-613-71614-8
€ 29,90 | € (A) 30,80

Seit Ende des 19. Jahrhunderts arbeiteten Ingenieure an der Konstruktion von Schneeschleudern, die die Schienenwege von Schnee und Eis befreien sollten. Heute gibt es nur noch wenige dieser außergewöhnlichen Fahrzeuge zu bewundern, vor allem in der Schweiz.
160 Seiten, 300 Abb., 230x265 mm
ISBN 978-3-613-71625-4
€ 29,90 | € (A) 30,80

Kaum eine andere Baureihe hat den Betriebsalltag der Deutschen Bundesbahn über ein halbes Jahrhundert so geprägt wie die Baureihe E 10. »Die Bügelfalte« wurden die Loks wegen des charakteristischen Aussehens genannt. Heinrich Petersen hat ihre Entwicklung, Technik und Geschichte zusammengetragen.
176 Seiten, 272 Abb., 210x242 mm
ISBN 978-3-613-71723-7
€ 34,90 | € (A) 35,90

Der »Glacier Express« ist nicht nur der langsamste Schnellzug der Welt, sondern zweifellos auch einer der bekanntesten Expresszüge. Seit dem Jahr 1930 durchquert er die schönsten Teile der Schweizer Bergwelt. Seine interessante Geschichte erzählt Hans-Bernhard Schönborn.
160 Seiten, 130 Abb., 240x220 mm
ISBN 978-3-613-71744-2
€ 29,90 | € (A) 30,80

Leseproben zu allen Titeln
auf unserer Internetseite

trans press

Stand Juli 2025
Änderungen in Preis und Lieferfähigkeit vorbehalten.

Überall, wo es Bücher gibt, oder unter
WWW.MOTORBUCH-VERSAND.DE
Service-Hotline: 0711 / 78 99 21 51
www.facebook.com/MotorbuchVerlag